“973 计划”项目（2015CB251600）资助
国家自然科学基金项目（51874280）资助
矿山地质灾害成灾机理与防控重点实验室开放课题资助
江苏高校优势学科建设工程（PAPD）资助

浅埋近距煤层保水开采机理与技术

马立强　金志远　张东升　著

科学出版社
北　京

内 容 简 介

本书在广泛调研浅埋近距煤层保水开采现状的基础上，结合神华神东煤炭集团浅埋近距煤层的地质条件，综合运用统计调研、岩石力学性能实验、数值模拟、理论分析、物理相似模拟等方法，研究浅埋近距煤层覆岩导水裂隙发育规律、机理和浅埋近距煤层保水开采技术等内容，研究成果具有前瞻性、先进性和实用性。

本书可供从事采矿工程及相关专业的科研人员及工程技术人员参考使用。

图书在版编目（CIP）数据

浅埋近距煤层保水开采机理与技术 / 马立强，金志远，张东升著. —北京：科学出版社，2019.6

ISBN 978-7-03-061268-7

Ⅰ. ①浅… Ⅱ. ①马… ②金… ③张… Ⅲ. ①薄煤层采煤法 Ⅳ. ①TD823.25

中国版本图书馆 CIP 数据核字（2019）第 094682 号

责任编辑：周 丹 沈 旭 高慧元 / 责任校对：杨聪敏
责任印制：张欣秀 / 封面设计：许 瑞

科学出版社出版
北京东黄城根北街 16 号
邮政编码：100717
http://www.sciencep.com
北京中石油彩色印刷有限责任公司印刷
科学出版社发行 各地新华书店经销
*
2019 年 6 月第 一 版 开本：720 × 1000 1/16
2019 年 6 月第一次印刷 印张：10 3/4
字数：212 000

定价：99.00 元

（如有印装质量问题，我社负责调换）

前　言

针对我国西北矿区部分浅埋煤层的第 1 层主采煤层已经采完，第 2 层主采煤层已经或即将大规模开采的现状，综合运用现场调研、相似模拟、数值计算、理论分析和现场实测等研究方法，对浅埋近距煤层保水开采机理与技术进行了系统分析和研究，其成果可为浅埋近距煤层保水开采提供借鉴。主要研究成果如下。①在浅埋条件下，从近距煤层下煤层开采对上煤层覆岩导水裂隙二次发育影响的角度考虑，对浅埋近距煤层和重复扰动区的定义进行了界定；基于常规浅埋单一煤层的分类方法，将浅埋近距煤层分为三类，其中第Ⅰ类和第Ⅱ类浅埋近距煤层为主要研究对象。②研究了重复扰动区覆岩导水裂隙的发育及渗流规律。对于第Ⅱ类浅埋近距煤层，下煤层开采过程中，浅埋近距煤层上煤层开采后已压实稳定的覆岩导水裂隙会二次发育。开采边界的隔水层裂隙在上煤层开采过程中或采后能够弥合，但在下煤层开采过程中较难弥合，采空区中部的隔水层裂隙在岩层回转挤压下较易弥合。③建立覆岩力学模型，分析了岩层破断或拉伸破坏时的极限破断步距与其下方有效下沉空间高度之间的关系；提出了隔水层无荷侧向约束膨胀伸长量，以及隔水层等效裂隙宽度的概念，建立了隔水层裂隙宽度与其最大下沉值之间的关系式，分析了隔水层裂隙张开-弥合的发育机理，揭示了浅埋近距煤层覆岩导水裂隙的发育机理。④针对第Ⅱ类浅埋近距煤层，考虑岩层移动边界角和充分采动角，确定了隔水层不产生导水裂隙的下煤层临界内、外错距的合理取值范围；研制了非亲水性隔水层相似材料，采用物理相似模拟固体实验和固液耦合实验，且将煤岩体红外辐射探测技术引入物理相似模拟覆岩裂隙渗流试验中，结合数值模拟固液耦合实验，弄清了浅埋近距煤层重复扰动区覆岩导水裂隙布置条件下隔水层不产生导水裂隙的临界层采比的计算方法；提出了水资源易流失区域（保水开采薄弱区）的消除、转移和局部处理等控制方法（包括“一分为二、窄区段煤柱错开同采法”和开采边界台阶式局部充填法），进行了采（盘）区工作面保水开采布置设计，且给出了关键技术参数的计算方法；提出了壁式连采连充保水采煤方法，并分析了其可行性；进行了浅埋近距煤层保水开采适用条件分类。

本书出版得到了国家“973 计划”项目（2015CB251600）、国家自然科学基金项目（51874280）、矿山地质灾害成灾机理与防控重点实验室开放课题和江苏高校优势学科建设工程（PAPD）的资助。本书的研究内容得到了范立民等学者诸多帮助和有益指导，科学出版社在本书出版过程中提出了诸多宝贵意见，在此表示衷心的感谢。本书参考并引用了国内外诸多文献，对这些文献的作者一并表示感谢！

由于作者水平有限，书中难免存在疏漏之处，恳请广大读者批评指正。意见或建议可发送至邮箱：ckma@cumt.edu.cn。

目　录

1 绪　论

1.1 问题的提出

煤炭是我国的基础能源，在一次能源生产和消费结构中占 70%左右[1]。随着东部地区煤炭资源逐渐枯竭，在煤炭生产开发布局上，国家制定了“控制东部，稳定中部，发展西部”的煤炭产业总体发展思路[2]。近 10 年，我国西北部的晋陕蒙宁甘新地区煤炭产量增长 16.25 亿 t，占全国产量增量的 71.7%[3]。

我国西北地区广泛赋存着浅埋煤田，可采煤层多、煤层厚，且多为低灰、低硫、高发热量的优质煤，是我国 21 世纪经济发展的能源基础。但其地处干旱半干旱大陆气候区，黄土高原与毛乌素沙漠接壤地带，历史上就是土地沙化、水土流失、水资源严重贫乏地区[4]。尽管国家三北防护林工程的实施，使得该地区的生态环境有所改善，大部分沙地已成了固定-半固定性沙丘地，水土流失小流域得到了治理，但区内水资源仍普遍贫乏、植被覆盖率仍较低、生态环境仍极脆弱[5-8]。而且，由于西北煤炭资源具有埋藏浅、基岩薄、煤层间距近的特点，在大规模、高强度、粗放型开采条件下，使原已脆弱的生态环境加剧恶化，甚至遭到毁灭性破坏，“煤挖走了、水漏干了、地塌陷了、草死光了、人贫困了”，给当地人民的生产生活带来严重影响[9]。神东矿区大柳塔煤矿 131km^2 范围内，开采前有泉 20 处，2006 年除 1 处外，其余全部干涸；榆林地区张家峁井田开采前有泉 115 处，2006 年除 13 处外，其余全部干涸[10]；神木北部一带湖淖数量开发前有 869 处，2008 年仅剩 79 处。

20 世纪 80 年代，我国开始开发西部浅埋煤炭资源，采矿界的专家学者开展了关于浅埋煤层开采的一系列研究，并取得了丰硕成果。而目前西北矿区浅埋煤层的第 1 层主采煤层已经采完，第 2 层主采煤层已开始回采。针对这种开采现状，由于前期研究成果主要是针对浅埋单一煤层的，涉及浅埋近距煤层多次采动重复扰动开采条件的相关研究较少，因此，很多问题亟待进一步开展科学研究。

煤层开采后，覆岩原岩应力平衡状态被打破，向新的应力平衡状态转化。在此过程中，覆岩移动、变形、破坏会产生导水裂隙。一旦覆岩导水裂隙发育并贯通隔水层与含水层，水资源就会流失，生态环境会进一步加剧恶化。因此，弄清覆岩导水裂隙发育规律是保水开采研究的关键。针对浅埋单一煤层，通过 20 多年的研究，其覆岩导水裂隙发育及分布特点的一般规律已掌握清楚，但针对浅埋近距煤层，在多次采动重复扰动开采条件下，尤其是下煤层开采过程中覆岩导水裂隙的发育规律仍缺乏科学认识，包括原已闭合的导水裂隙“复活”并“二次发育”的规律。这就关系到了原本没有受到破坏或采后已重新恢复的地表水和地下水流失问题。

本书根据保水开采的研究现状和水资源保护的目标需求，针对我国西北浅埋煤层埋藏浅、基岩薄、煤层间距近和重复扰动的特点，以神东矿区石圪台煤矿（典型浅埋近距煤层井田）为研究区，开展浅埋近距煤层保水开采机理与技术研究，主动实现矿区生态环境的保护，具有一定的前瞻性和开拓性，这不仅是国家可持续发展的根本要求、绿色矿业的迫切需求，也是西部区域经济发展的需要和企业发展的必然选择，具有重大的理论价值和实践意义。

1.2　国内外研究现状

1.2.1　浅埋单一煤层覆岩裂隙发育规律

一直以来，浅埋煤层的定义都不是很明确。一些专家学者给出了不同的表述，其中比较有代表性的为以下三个。1998 年，中国岩石力学与工程学会第五次学术大会上，黄庆享等[11]首次概括了浅埋煤层的定义，其内涵为：①赋存特征：埋藏浅，一般不超过 100m；②老顶岩层的结构特征：工作面老顶岩层为单一关键层结构类型，老顶上方岩层直至地表的岩层均为载荷层，关键层的破断波及地表，表现为顶板岩层整体切落；③顶板结构稳定性：顶板岩层破断后的岩块不易形成稳定的砌体梁结构，其判定指标初步定为基岩厚度与载荷层厚度之比（基载比）$J_z<1$。2002 年，黄庆享[12]提出浅埋煤层可采用埋深不超过 150m、基载比 $J_z<1$、顶板体现单一主关键层结构特征、来压具有明显动载现象这四个指标来判定，并将浅埋煤层分为两类，即典型浅埋煤层，以“基岩比较薄、松散载荷层厚度比较大，顶板破断为整体切落形式”为特点；近浅埋煤层，以“基岩厚度比较大、松散载荷层厚度比较小，覆岩存在两组关键层，顶板存在轻微的台阶下沉”为特点。2007 年，李风仪[13]将神东矿区浅埋煤层工作面的矿压观测结果与非浅埋深工作面的矿压数据对比，从煤层上覆岩层组成、长壁回采工作面覆岩活动规律和煤层埋藏深度三个方面，提出了界定浅埋煤层开采类型的三个主要指标为煤层上覆岩层由薄基岩及松散载荷层组成，基岩厚度 30～50m；基岩呈一同步运动的组合岩层（单一关键层），松散载荷层随基岩层移动、垮落至地表，顶板来压剧烈，来压时间短，动压现象明显，地表出现大型张开裂缝和较大落差的地堑；煤层埋深 80～100m。

国外的浅埋煤田以美国阿巴拉契亚（Appalachian）煤田和俄罗斯莫斯科（Moscow）近郊煤田为典型，印度和澳大利亚也有浅埋煤田。在浅埋煤层矿压显现规律方面，苏联的 ЦИМБАРЕВИЧ[14]是最早开始研究的，他根据莫斯科近郊浅埋煤层赋存特点，提出了台阶下沉假说，指出随工作面推进，顶板沿着向煤壁的斜面以斜方六面体逐层切落，直至地表。1981 年，苏联另一学者布雷德克[15]对莫斯科近郊煤田矿山压力进行了研究，指出在厚黏土层、浅埋深（100m 以下）条件下，顶板来压十分剧烈，与深埋煤层开采的矿压显现规律具有明显的不同。20 世纪 80 年代，澳大利亚的霍勃尔瓦依特等[16]通过对浅埋煤层长壁开采进行矿山压力研究，发现顶板破断以“瓶塞”状从地表到煤层逐层切落，且工作面回采后采空区迅速压实，煤壁附近的顶板岩层迅速发生整体移动。90 年代初，澳大利亚的 Holla 等[17]对浅埋煤层长壁开采的顶板岩层移动进行了观测，通过多层位钻孔锚固装置实测得出，工作面推过后顶板快速破断、移动，且覆岩垮落高度为采高的 9 倍。

在国内，文献[18]～[21]对神府矿区第一个试采长壁工作面进行了矿压实测，发现试采煤层埋深为 25～58m 条件下，存在自煤层至地表整个岩层沿煤壁发生剪切失稳的危险，工作面回采期间来压强烈，出现台阶下沉现象，下沉量达 350～600mm，周期来压增载系数达 2.3～4.3，平均为 3.2。黄庆享[22, 23]通过浅埋煤层综采工作面开采相似模拟试验，也发现了工作面初次和周期来压时，基岩均一次性全厚破断，出现明显的台阶下沉。石平五[24]研究了神府矿区浅埋煤层开采的一些规律，发现一般情况下覆岩难以形成稳定的“砌体梁”结构，来压显现较为剧烈；采动损害传递较快，地表多形成不连续沉陷。

为进一步揭示浅埋煤层移动和破断机理，黄庆享等[25-28]建立了浅埋煤层初次来压的非对称三铰拱的结构模型、周期来压的“短砌体梁”和“台阶岩梁”的结构模型，提出了液压支架“给定失稳载荷”工作状态的概念，并确定了其合理工作阻力计算方法。侯忠杰等[29-31]分析了浅埋煤层工作面基岩全厚切落的原因，指出若基岩存在两组硬岩层，应当将其视为组合关键层，且组合关键层的破断引起砌体梁结构的滑落失稳是导致浅埋煤层长壁开采矿压显现强烈的根本原因。杨治林[32]针对浅埋煤层顶板关键层破断后的不平衡特性和运动特征，应用初始后屈曲理论和突变理论探讨了顶板结构的不稳定形态，给出了关键层破断后顶板结构回转失稳的充分必要条件，建立了铰接体系在回转状态下的稳定性准则。许家林[33]研究了神东矿区浅埋煤层开采覆岩关键层结构及其破断失稳特征，得出单一关键层破断块体结构承担的载荷层厚度大，满足砌体梁结构发生滑落失稳的条件，从而导致关键层破断块体滑落失稳。

国外较早对导水裂隙理论进行了研究，有些国家制订了一些相关的规程和规定[34, 35]。英国颁布了海下采煤条例，对覆岩的组成及厚度、煤层开采厚度及采煤方法等都做了具体规定。日本在 11 个矿井进行了海下采煤，针对冲积层的组成和赋存厚度做出了明确的允许与禁止开采规定。俄罗斯出版了关于确定导水裂隙高度方法的指南，并颁布了水体下开采规程，根据覆岩中黏土层厚度、开采高度、重复采动等条件的变化来确定安全采深，但这些规定和规程编制的依据大多来自统计经验，缺乏深入的理论和方法研究[36]。印度的浅埋煤层开采工程实践表明，上覆岩层垮落带与裂隙交叉，裂隙高度较大，且具有裂隙密集的特点[37-41]。

随着我国神东煤田的开发，在浅埋煤层覆岩裂隙发育规律方面进行了许多研究。师本强等[42]研究了浅埋煤层覆岩中断层对保水采煤的影响及防治，得出覆岩中断层的存在提高了导水裂隙的发育高度，采用间歇式采煤实现保水采煤时，覆岩中存在断层时工作面的推进距离要较无断层时的小的重要结论。李涛等[43]以陕北水位波动区域工作面为背景，采用设计的固液耦合模型进行相似模拟，观测了煤层回采过程中离层发育、导水裂隙高度、关键隔水黏土层下沉量、潜水位动态变化及煤层停采后水位恢复过程，研究了水位波动区域潜水位动态变化机制。李忠建等[44]通过 UDEC 数值软件计算，分析了工作面推进过程中上覆岩层的破裂过程和来压特点，得到了裂隙高度随工作面推进而增大，且裂隙高度与采空区跨度有非线性关系等规律；并在分析了首采面顶板充水条件的基础上，结合裂隙高度发展规律，得到了首采面顶板突水危险性较小的重要结论。马立强等[45]以神东矿区浅埋煤层采矿地质条件为例，研究了薄基岩浅埋煤层长壁工作面覆岩活动规律和采动裂隙演化机理及发育过程。张东升等[46]对比分析了工作面不同推进速度、不同基岩厚度及不同关键层厚度条件下覆岩采动裂隙的扩展规律。黄庆享等[47]指出覆岩采动裂隙主要由上行裂隙和下行裂隙构成，一旦上行裂隙和下行裂隙沟通，水资源将会流失。范钢伟等[48]针对单一关键层结构的浅埋煤层，揭示了采动裂隙动态发育规律。黄炳香等[49]进行了采动覆岩导水裂隙分布特征的相似模拟实验和力学分析，提出了破断裂隙贯通度的概念和计算公式，并对采场中小断层对导水裂隙高度的影响进行了研究，得出了采场小断层对导水裂隙高度的影响规律。

总之，国外很少有学者对浅埋煤层覆岩裂隙发育规律开展研究，其研究重点主要集中在关于导水裂隙的相关规定上，且这些规定多以现场工程经验数据为依据，缺乏深入的理论基础研究。而国内专家学者非常注重理论基础和现场工业性试验研究，关于浅埋煤层覆岩裂隙发育规律的研究成果丰富，但这些成果主要是针对浅埋单一煤层的，涉及重复扰动的相关研究较少。

1.2.2 浅埋单一煤层保水开采

1. 国外研究现状

美国、澳大利亚等主要产煤国家在生态脆弱地区开发煤炭资源时，大多采用露天开采方式，很少用井工开采方式进行大规模高强度的开采。其研究强调矿区水资源环境功能和价值的保护[50]，其研究重点集中在矿区开采对水文地质环境的扰动影响及采后恢复方法、矿井水的处理机理和技术、废弃矿井水排泄对环境影响与治理上[51-70]。

关于保水开采，英国和加拿大的有关学者进行了水下采煤方法研究[71]，德国的 Kaden 和 Schramm[72]对卢萨田矿区做了保水采煤的研究。国外对地表水和地下水受浅埋煤层开采影响后的实测和规律分析方面的研究比较多，许多学者对此进行了长期观测和跟踪研究，其中比较有代表性的成果是 Booth[73-75]在美国伊利诺伊州进行的长达 7 年的长壁工作面上覆砂岩含水层的观测研究，他系统分析了浅埋煤层开采后地下水地球化学特征的变化与地表沉陷的特点，并对沉陷导致的砂岩含水层储水能力、水压、渗透性及地球化学性质的变化进行了研究，对不同区域开采后水位恢复和水质变化过程特征进行了分析，提出了长壁开采引起地下水位下降的可恢复性；Kim 等[76]研究了采动条件下覆岩破裂变形和地下水流动的耦合关系，并就水位动态下降过程进行了描述；Karaman 等[77, 78]对长壁工作面的开采边界与开采区域地下水位变化之间的关系进行了研究，通过分析采动覆岩含水层的渗透系数和储水系数等参数预测含水层水位的变化。

但迄今没有明确系统地提出与保水开采相似的采矿概念，也鲜有文献从采矿的角度提出系统、具体的保水开采方法。同时，在生态脆弱地区，若采后生态环境无法有效恢复，他们将采用优先保护环境的原则，严格限制煤炭开采[79, 80]。

2. 国内研究现状

20 世纪末，国内陕西省煤田地质局范立民最早明确提出保水开采（采煤）的概念。此后，煤炭科学研究总院、西安科技大学、辽宁工程技术大学、中国矿业大学（北京）、中国矿业大学、河南理工大学和太原理工大学等单位针对保水开采技术进行了大量基础研究，提出了基于“三带”发育原理[81, 82]、结构关键层理论[83]、隔水层稳定性控制原理、隔水关键层原理[84]的保水开采机理，以及采动裂隙扩展控制、生态安全地下水位保护技术[85-88]。例如，叶贵钧等[81]以浅埋煤田地质勘探资料为基础，分析总结了榆神府矿区与保水开采相关的工程地质条件特点，进行了工程地质条件分区，初步讨论了不同工程地质区保水开采的可能性；按主采煤层的上覆岩层分布空间及其组合形态特征，将其划分成五大类：土基型、砂基型、砂土基型、基岩型、烧变岩型，并分区讨论了保水开采的意义和可能性。1999年黄庆享主持了煤炭青年基金项目“上覆含水松散层的采动水理性对关键层载荷的影响”，重点解决了顶板载荷问题。张杰和侯忠杰[89, 90]针对陕北浅埋煤层保水开采的措施，开展了导水裂隙发育规律的物理模拟。中国矿业大学张东升等[91-93]在对神东矿区“亿吨级矿区生态环境综合防治技术”的课题研究中，提出了保水开采的内涵和定义。马立强和张东升[94]基于砂基型浅埋煤层工程地质特征，系统地对砂基型浅埋煤层保水开采进行了研究，同时基于生态水位，对保水开采的内涵进行了新的总结和概括：“保水开采就是在采动影响下，含水层的含水结构没有破坏；或虽有一定的损坏，造成部分水资源流失，但一定时间后仍可恢复，流失量应保证最低含水位不影响地表植物的生长，并保证水质没有污染，从而选择合理采煤方法和工艺的开采技术。”

目前最具代表性的成果应属由西安科技大学（黄庆享、石平五等）、陕西省地质调查院（王双明、范立民等）、长安大学和中国矿业大学等单位共同承担开展的“鄂尔多斯盆地生态脆弱区煤炭开采与生态环境保护关键技术”。这一研究建立了地下水位与植被生理指标的定量关系，揭示了生态安全地下水位；划分了四种开采地质条件分区，指出了不同分区生态水位保护的开采方法，该研究基本代表了国内外保水开采研究的最新成果[95]。

概言之，目前国内的保水开采技术成果丰富，但这些成果主要是针对浅埋单一煤层的，涉及浅埋近距煤层多次采动重复扰动条件下的保水开采技术，有待进一步开展深入研究。

1.2.3 浅埋近距煤层保水开采

在近距煤层赋存条件下，由于煤层间距小，采动影响空间相互叠加，采动影响范围扩大[96-98]，形成了重复扰动区。

1. 近距煤层的定义

文献[99]将近距煤层间距作为采用上行顺序开采法能否实施的标准，以下煤层开采时的顶板破坏带高度定义了“近距煤层”，并给出了计算公式。张百胜等[100]以上煤层开采对底板的损伤深度 h_s 为依据定义和划分极近距煤层。而且我国在《煤矿安全规程》[101]中也对近距煤层的定义进行了科学阐述，即煤层间距较小，开采时相互有较大影响的煤层。

2. 关于近距煤层的相关研究

国外，文献[102]在总结上行顺序开采试验的基础上，以下煤层对上煤层的影响程度确定出上行顺序开采煤层的基本要素和条件。苏联学者M.秦巴维奇采用实验室立体和平面模型综合方法，模拟了古可夫矿两煤层开采（上煤层平均厚度为1.4m，下煤层平均厚度为1.65m，煤层倾角为15°，煤层间距为15～30m，上煤层遗留20～50m煤柱），总结出了采空区下方变形恢复区的轮廓形状，指出下煤层开采上煤层遗留煤柱时直接顶稳定性急剧下降，冒顶高度显著增加。由于近距煤层上煤层开采后对底板（下煤层的顶部）产生影响，文献[103]～[107]研究了底板周围不同区域的应力分布情况，分析了底板破坏的不同形式，并研究上煤层遗留煤柱底板破坏深度的影响，初步阐释了底板的破坏机理。

国内，吴立新等[108]研究了上煤层的煤柱应力变化及其稳定性。张立亚等[109]系统地研究了不同埋深、采宽、煤层间距和上下煤层遗留煤柱的空间位置关系等对地表下沉、水平移动的影响规律。吴爱民[110]着重从煤岩组合体的整体破坏出发，研究了不同围压条件下近距煤层煤岩组合体的变形破坏，获得了煤岩组合体破坏时峰值强度的临界条件，并获得了峰值强度、泊松比和弹性模量等参数随围压的变化关系；同时得出矿井煤岩组合体的破坏是能量释放和能量耗散的综合作用结果，并建立了不同围压作用下基于能量释放的煤岩组合体的整体破坏准则，揭示了这种煤岩组合体整体破坏的物理力学机制，分别研究多次动压下近距煤层开采对邻近层及煤柱的影响，并提出了近距煤层巷道的支护理念。张玉军[111]探测了近距煤层开采覆岩破坏高度，认为下煤层开采时，上煤层采空区顶板会再次塌落，新的裂隙会产生，原有裂隙会再次发育，造成导水裂隙高度增加。胡炳南[112]建立了长壁开采起采时和采后的力学模型，分别揭示了厚煤层分层开采和煤层开采重复扰动区的岩层移动规律性，指出煤层开采重复扰动“活化”系数以煤层间距为零时最大，随煤层间距的增大而减小，但递减速度与煤层间距的增加速度相比要小得多。朱卫兵[113]进行了浅埋近距煤层重复采动条件下覆岩关键层结构分类及其破断失稳特征分析，揭示了过沟谷地形和过煤柱过程中的关键层结构失稳机理。王国旺[114]实测了大柳塔煤矿12306、12305、12304和12303工作面的矿山压力，分析了不同地貌、煤层间距对浅埋近距煤层采场矿压显现特点，解释了动载现象和切顶的机理，指出下煤层开采过程中，煤层间距大于15m时来压显现不明显，煤层间距小于15m时来压显现也不明显，煤层间距小于12m时来压显现进一步减弱。陈盼[115]提出了承载层（近距煤层间厚硬岩层）的概念和主承载层的判定方法，推导了考虑上煤层底板破坏深度时承载层岩层的断裂步距计算公式；分析了承载层断裂垮落过程对下煤层工作面矿压显现规律的影响；并利用承载层理论，考虑承载层厚度和下煤层工作面采高等因素，将煤层分为极近距煤层、近距煤层、非近距煤层三类，且分别分析了这三类煤层顶板断裂破坏规律。文献[116]通过物理模拟实验手段，研究了浅埋近距煤层开采重复扰动区覆岩移动及其裂隙发育规律，并探讨了重复扰动区水资源保护性开采途径。王方田[117]针对神东矿区浅埋房式采空区下近距煤层长壁开采地质生产条件，对房式煤柱稳定性、顶板大面积来压机理及防治技术、房式采空区下近距煤层开采覆岩运动规律及其控制技术等进行了系统研究。武浩翔[118]以神东矿区石圪台煤矿浅埋近距煤层开采为工程背景，研究了浅埋近距煤层矿压显现规律，分析了不同煤层间距（1～6m、6～15m 和 15m 以上）条件下矿压显现规律的特点。

总之，目前关于近距煤层的研究成果主要集中在非浅埋煤层的矿山压力显现及其控制上，涉及浅埋近距煤层保水开采的相关研究很少。

2 浅埋近距煤层覆岩导水裂隙发育规律相似模拟

我国西北地区赋存着大量的浅埋煤田，目前该地区的第 1 层主采煤层已经采完，第 2 层主采煤层即将大规模开采。由于这两层主采煤层的间距较小，就涉及了近距煤层开采问题。为便于研究工作的深入开展，本章对浅埋近距煤层进行了定义和分类。浅埋近距煤层多次采动重复扰动条件下，覆岩导水裂隙发育及渗流规律方面的研究较少。为掌握其规律，本章以神东矿区石圪台煤矿浅埋近距煤层开采区域的地质条件为实验背景，采用相似模拟实验方法，研究浅埋近距煤层重复扰动区覆岩导水裂隙发育及渗流特征，并将煤岩体红外辐射探测技术引入相似模拟裂隙渗流实验中，探测覆岩导水裂隙渗流的发育规律。

2.1 浅埋近距煤层的定义

根据绪论中关于采矿界专家学者对浅埋煤层定义的阐述，认为浅埋单一煤层的埋深一般不超过 150m，其矿压显现剧烈[11-13]。而针对近距煤层，我国《煤矿安全规程》中对其做了科学阐述，即煤层间距较小，开采时相互有较大影响的煤层。

对于浅埋条件下的近距煤层开采，其与深埋条件下的近距煤层开采相比必然存在差异。那么，浅埋近距煤层如何定义，其特点是什么，如何分类呢？这些问题都有待进一步分析与讨论。

我国西北地区生态环境脆弱，水资源非常匮乏，如何解决水资源保护与大规模煤炭开采之间的矛盾，实现保水开采，是目前和今后人类社会亟待解决的重大问题。煤层开采后，覆岩的移动变形会产生导水裂隙，导致水资源流失，掌握了不同开采条件下的覆岩导水裂隙的发育规律及分布特征，就为保水开采的实现奠定了科学基础。

目前针对西北矿区部分区域的第 1 层主采煤层已经采完，第 2 层主采煤层即将大规模开采的现状，虽然浅埋单一煤层的覆岩导水裂隙发育及渗流规律已经弄清，但浅埋近距煤层开采条件下，重复扰动区覆岩导水裂隙的发育及渗流规律仍缺乏科学认识，亟待开展科学研究。

目前，西北矿区普遍采用大规模长壁综合机械化采煤法，基于覆岩导水裂隙二次发育的考虑，本书对浅埋近距煤层的定义为：在浅埋条件下，下煤层开采后会引起上煤层覆岩导水裂隙贯通地表的煤层，称为浅埋近距煤层。

浅埋近距煤层开采涉及重复扰动问题，值得研究的区域也主要集中在重复扰动区。本书对重复扰动区的定义为：下煤层开采过程中，引起上煤层上覆岩层导水裂隙二次发育的区域。

2.2　浅埋近距煤层的分类

我国神东矿区覆岩属于中硬岩层。目前，该矿区一些矿井的第 1 层主采煤层（上煤层）已经或即将采完，已开始回采第 2 层主采煤层（下煤层），对该区的一些主力矿井，如石圪台煤矿、补连塔煤矿、活鸡兔煤矿、上湾煤矿等井田的生产地质条件进行了统计，其浅埋近距煤层地质条件见表 2-1。

表 2-1　神东矿区部分井田浅埋近距煤层地质条件

井田	浅埋近距煤层								
	上煤层				下煤层				煤层间距/m
	煤层编号	煤层厚度/m	埋深/m	基岩厚度/m	煤层编号	煤层厚度/m	埋深/m	基岩厚度/m	
石圪台	$1^{-2上}$	2.5～3.5	52～88	41～72	1^{-2}	2.5～4.5	72～108	60～90	2～40
补连塔	1^{-2}	5.3	78.9	67.5	2^{-2}	7.35	115.1	103.7	1.6～14.9
活鸡兔	$1^{-2上}$	3.78	93.4	86.9	1^{-2}	5.79	116.4	110	24.7
寸草塔	$1^{-2上}$	0.8～3.4	61～276	38～219	1^{-2}	0.8～3.6	72～320	55～285	2.3～26.7
呼和乌素	$1^{-2中}$	0～9.4	119～138	103～120	$1^{-2下}$	1.1～1.6	130～166	115～148	16～40.8
上湾	$1^{-2中}$	0.3～9.5	139～193	111～176	2^{-2}	4.3～8.5	159～219	140～198	25～36.5

统计结果显示：神东矿区浅埋近距煤层上煤层埋深为 52～276m，基岩厚度为 38～219m；下煤层埋深为 72～320m，基岩厚度为 55～285m；上下煤层的煤层间距为 2～40.8m。其中，石圪台煤矿为典型浅埋近距煤层（本书主要基于石圪台煤矿的地质条件进行研究）。

对于神东矿区含水层下方赋存有黏土隔水层的浅埋近距煤层，下煤层开采过程中上煤层覆岩导水裂隙会二次发育，综合考虑基岩厚度、上下煤层的煤层间距和下煤层开采高度等因素，将浅埋近距煤层分为三类。

2.2.1　第Ⅰ类浅埋近距煤层

第Ⅰ类浅埋近距煤层覆岩导水裂隙发育特征如图 2-1 所示，其特点如下：

（1）上煤层基采比＜24；

（2）上煤层开采后，隔水层产生了张拉裂隙，且在采后无法弥合，覆岩导水裂隙贯通地表；

（3）下煤层开采后，无论层间岩层厚度如何变化，覆岩导水裂隙二次发育后都会贯通地表。

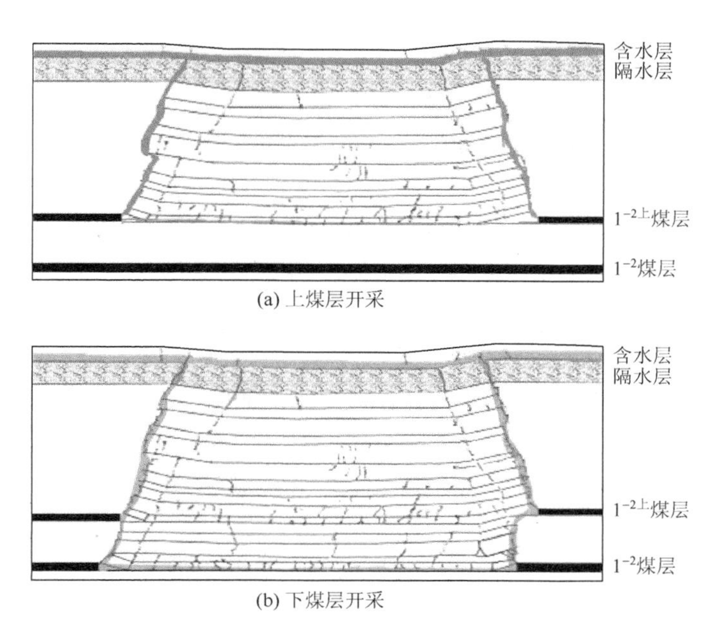

图 2-1　第Ⅰ类浅埋近距煤层覆岩导水裂隙发育特征

2.2.2　第Ⅱ类浅埋近距煤层

第Ⅱ类浅埋近距煤层覆岩导水裂隙发育特征如图 2-2 所示，其特点如下：

（1）上煤层基采比＞24，且基岩厚度大于 60～70m；

（2）上煤层开采后，隔水层虽产生了张拉裂隙，但在采后能够弥合，覆岩导水裂隙不会贯通地表；

（3）下煤层开采后，覆岩导水裂隙二次发育后贯通地表。

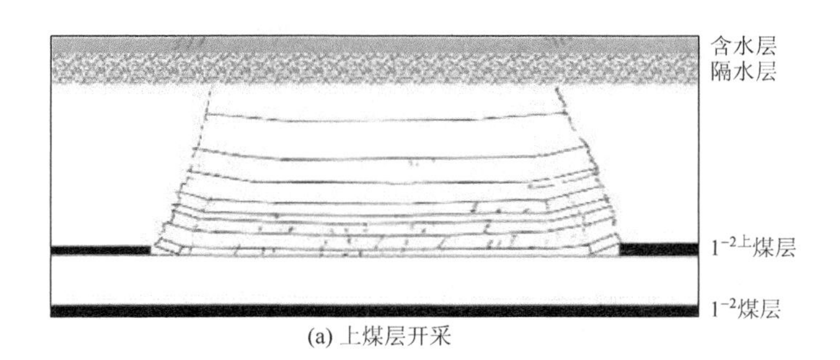

(a) 上煤层开采

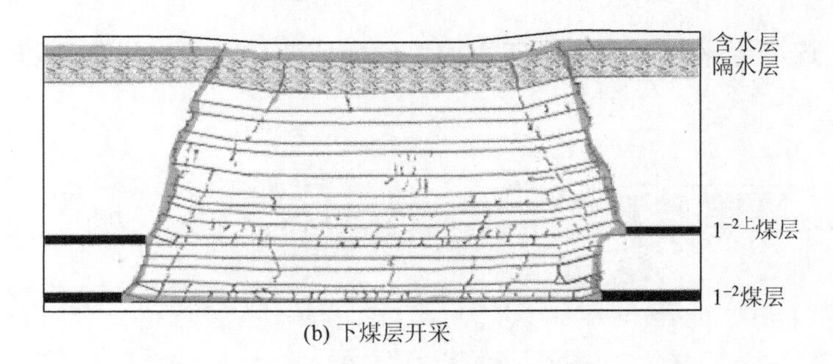

(b) 下煤层开采

图 2-2　第Ⅱ类浅埋近距煤层覆岩导水裂隙发育特征

2.2.3　第Ⅲ类浅埋近距煤层

第Ⅲ类浅埋近距煤层覆岩导水裂隙发育特征如图 2-3 所示。

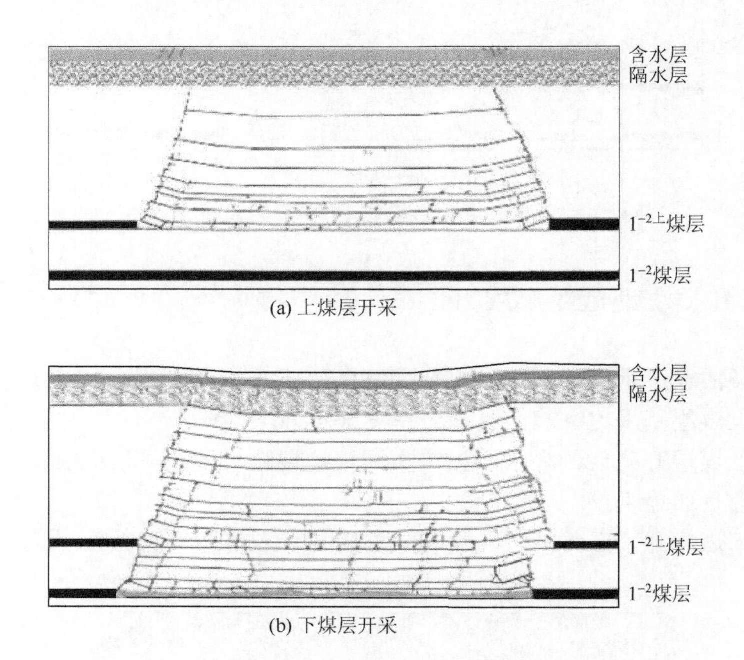

(a) 上煤层开采

(b) 下煤层开采

图 2-3　第Ⅲ类浅埋近距煤层覆岩导水裂隙发育特征

第Ⅲ类浅埋近距煤层的特点如下：

（1）上煤层基采比＞24，且基岩厚度大于 60～70m；

（2）上煤层开采后，隔水层虽产生了张拉裂隙，但在采后能够弥合，覆岩导水裂隙不会贯通地表；

（3）下煤层开采后，隔水层在采后也能够弥合，覆岩导水裂隙最终不会贯通地表。

2.3 浅埋近距煤层工程地质概况

2.3.1 煤（岩）层特点

石圪台煤矿 1^{-2}上煤层厚度为 2.5～3.5m，基岩厚度为 41～72m；1^{-2}煤层位于 1^{-2}上煤层下部，煤层厚度为 2.5～4.5m，基岩厚度为 60～90m；地表被第四系松散层覆盖，松散层厚度为 2～20m。1^{-2}上与 1^{-2}煤层间距为 2～40m。典型柱状煤岩体基本物理力学性能参数见表 2-2。

表 2-2 煤岩体基本物理力学参数

序号	岩层	厚度/m	密度/(kg/m³)	内聚力/MPa	泊松比	抗压强度/MPa	备注
1	松散层	5	2200	—	—	—	含水层
2	黄土	6	1720	5	0.3	7	隔水层
3	砂质泥岩	6	2410	0.2	0.268	22.8	
4	粉粒砂岩	7	2470	2	0.217	25.2	
5	中粒砂岩	3	2500	2.3	0.223	30.6	
6	细粒砂岩	16	2510	2.6	0.201	38.1	厚硬岩层
7	砂质泥岩	6	2410	1.8	0.268	22.1	
8	粗粒砂岩	9	2470	2.1	0.223	24.9	
9	粉粒砂岩	7	2470	2.0	0.217	25.4	
10	粗粒砂岩	3	2470	2.0	0.226	25.1	
11	中粒砂岩	10	2500	2.6	0.223	30.6	基本顶
12	砂质泥岩	5	2410	1.8	0.268	23.1	直接顶
13	1^{-2}上煤层	2.5	1420	1.0	0.3	14.2	
14	粉粒砂岩	3	2460	2.0	0.217	25.3	
15	中粒砂岩	12	2500	2.6	0.223	31.3	
16	粗粒砂岩	3	2480	2.0	0.226	25.0	
17	1^{-2}煤层	3	1400	1.0	0.3	14.0	
18	细粒砂岩	5	2510	2.6	0.201	38.8	

2.3.2　含（隔）水层

1. 含水层

①全新统冲积层孔隙潜水，主要由粉细砂砾石组成，厚 2～6m，单位涌水量 0.0235～0.214L/(s·m)，渗透系数 0.234～9.87m/d，富水性较好。②上更新统萨拉乌素组孔隙潜水，岩性为中、细粉砂，厚 20～50m，单位涌水量 0.369～1.54L/(s·m)，渗透系数 3.89～9.87m/d，富水性好。③中侏罗纪直罗组裂隙潜水，岩性为中、粗粒长石石英砂岩，一般厚 36.76m，单位涌水量 0.00713L/(s·m)，渗透系数 0.454m/d，富水性一般。

2. 隔水层

井田内主要隔水层为第三系离石黄土，厚 0～15m，平均 6m，岩性为浅红色或棕红色粉砂质黏土、亚黏土和钙质结核层互层，较致密，隔水性较好。压缩模量为 6～22MPa，渗透系数 0.00643～1.5m/d。

2.3.3　采煤方法

石圪台煤矿 $1^{-2上}$和 1^{-2} 煤层均采用长壁后退式综合机械化一次采全高开采法，全部垮落法管理顶板。

本书的研究范围只涉及两煤层开采，为便于实验现象描述，在后续章节中，也可以将石圪台 $1^{-2上}$煤层和 1^{-2} 煤层分别表述为上煤层和下煤层。

2.4　非亲水性隔水层相似材料研制

亲水性（hydrophilicity）是水具有亲和力的性能。固液耦合物理相似模拟中，多采用研制非亲水性相似材料的方法模拟隔水层[119]。一直以来，采矿界的专家学者都在不间断地从事非亲水性相似材料研制方面的研究，例如，张杰等[120]以砂为骨料，石蜡为胶结剂模拟隔水层，对富水的风积砂层下采煤进行了模型试验研究，其塑性良好但水理性模拟效果不够理想。黄庆享等[121]用沙子和黏土作为骨料，硅油、水玻璃和凡士林作为胶结剂成功得出了一组模拟离石黄土和三趾马黄土的配比范围，但要寻求对隔水层的最佳模拟，还需做大量的努力。李树忱等[122]用砂和滑石粉作为骨料，石蜡作为胶结剂混合制成耦合材料，石蜡类相似材料解决了固体模型材料遇水崩解的问题，但其制备过程对温度等条件要求比较苛刻，不适合大型模拟试验的应用。非亲水性相似材料研制仍有一些问题，如找到与隔水层物理力学性质和水理性质完全相似的非亲水相似材料存在很大困难，且固液耦合在理论层面的研究还不够成熟等。

在总结已有研究成果的基础上，利用流固耦合相似理论原理，提出由沙子和石膏作为骨料，硅油和凡士林作为胶结剂，并结合神东矿区隔水层的性质，开展了非亲水性相似模拟材料研制的研究工作。

神东矿区隔水层一般由黏土、亚黏土和亚砂土组成，还夹杂有钙质结核层、古土壤层。其隔水层具有可塑性（塑性指数为7.5～13.1）、结合性、低渗透性（为0.005～1.5m/d）和低强度（压缩模量为6～22MPa）。

2.4.1 固液耦合相似理论

采用均匀连续介质的固液耦合数学模型[123]推导出了流固耦合相似理论，得到如下关系式：

$$C_G\frac{C_\mu}{C_l^2}=C_\lambda\frac{C_\varepsilon}{C_l}=C_G\frac{C_\varepsilon}{C_l}=C_\gamma=C_\rho\frac{C_\mu}{C_t^2} \tag{2-1}$$

式中，C_G、C_μ、C_l、C_λ、C_γ、C_ε、C_ρ、C_t分别表示剪切弹性模量、位移、几何、拉梅常数、容重、体积、密度、时间相似比。

根据式（2-1）可知，模型相似要求$C_G=C_\lambda$；几何相似要求$C_\lambda=C_\varepsilon C_l$，由于变形以后几何相似，因此$C_\varepsilon=1$，则有$C_\mu=C_l$；重力相似有$C_G C_\varepsilon=C_\gamma C_l$，且由于$G=E/[2(1+\mu)]$，$\mu$为泊松比，故$C_G=C_E$，又$C_\varepsilon=1$，则有$C_E=C_\lambda C_l$；应力相似有$C_\sigma=C_E C_\varepsilon$，则有$C_\sigma=C_\gamma C_l$；时间相似得$C_G C_\mu/C_l^2=C_\rho C_\mu/C_t^2$，则有$C_t=\sqrt{C_l}$。

根据均匀连续介质的流固耦合数学模型推导出了流固耦合相似理论，渗透速率相似比C_k、几何相似比C_l和时间相似比C_t的相似关系为

$$C_k=\frac{C_l}{C_t}=\sqrt{C_l} \tag{2-2}$$

2.4.2 原材料的选择

为满足非亲水隔水层材料性能的要求，原材料选择原则为砂的粒径不大于2mm，且级配均匀；石膏采用特级优质石膏粉，细度大于300目；凡士林为无毒医用级白色凡士林；硅油采用二甲硅油，黏度为1500mm^2/s。

原材料如图2-4所示。

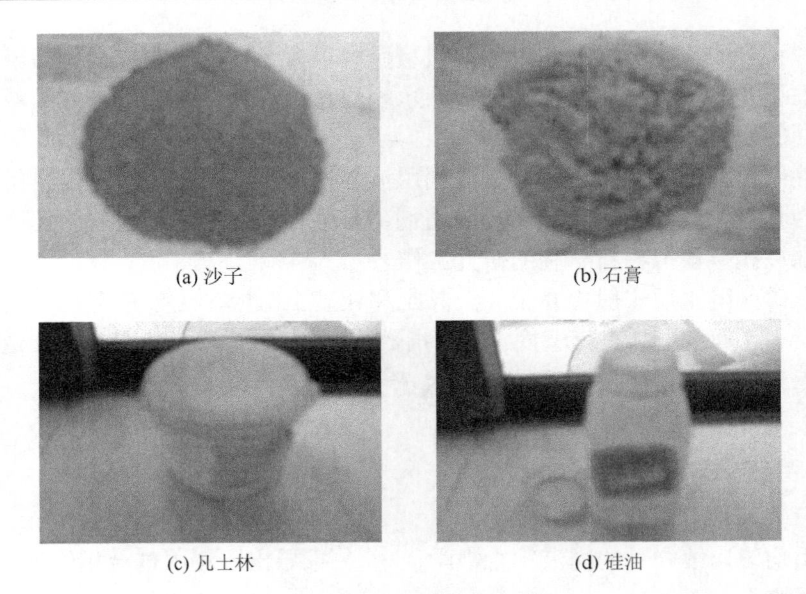

(a) 沙子　(b) 石膏　(c) 凡士林　(d) 硅油

图 2-4　模拟隔水层的原材料

2.4.3　配比方案正交试验设计

为了减少试验工作量，采用了正交试验法[124]，确定最佳材料配比，见表 2-3。

表 2-3　相似材料配比正交表

编号	骨胶重量比	沙石重量比	沙子/g	石膏	硅凡比	硅油/g	凡士林/g	试件重/g
1	7∶1（1）	6∶1（1）	1125	187.5	1∶1（1）	93.75	93.75	1550
2	7∶1（1）	7∶1（2）	1142.5	140	1∶2（2）	62.5	125	1550
3	7∶1（1）	8∶1（3）	1166.7	145.8	1∶2.5（3）	54	133.5	1550
4	8∶1（2）	6∶1（1）	1143.3	190	1∶2（2）	55.6	111.1	1550
5	8∶1（2）	7∶1（2）	1166.7	166.6	1∶2.5（3）	47.6	119.1	1550
6	8∶1（2）	8∶1（3）	1185.2	148.1	1∶1（1）	83.35	83.35	1550
7	9∶1（3）	6∶1（1）	1157	193	1∶2.5（3）	42.8	107.2	1550
8	9∶1（3）	7∶1（2）	1181.3	168.7	1∶1（1）	75	75	1550
9	9∶1（3）	8∶1（3）	1200	150	1∶2（2）	50	100	1550

2.4.4　试件的制备

根据材料组分[120]的性质，非亲水性相似材料制备过程（图 2-5）分以下几步：

（1）按照试件配制比例称取骨料和胶结剂；

（2）将沙和石膏混合并加入适量的水，搅拌均匀；

（3）加热混合的硅油和凡士林至 45～60℃，使凡士林融化为液态与硅油混合；

（4）将处理好的骨料和胶结剂混合搅拌均匀，装入模具压实；

（5）模具放置 20 天左右，脱模，室温下养护。

(a) 称取石膏和沙子

(b) 称取凡士林和硅油

(c) 均匀混合沙子和石膏

(d)加热硅油和凡士林

(e) 装模压实

(f) 成型模型

图 2-5 隔水材料配制过程

硅油对材料的性质影响比较显著，硅油含量少的试件颜色较浅，略微发白，孔隙大，局部有裂纹。硅油含量多的试件颜色较深，密实，几乎没有裂纹。如果硅油的含量过高，则会出现崩解散软的报废试件。试件如图 2-6 所示。

图 2-6 隔水层相似材料试件

2.4.5　非亲水材料性能参数

1. 物理力学性能参数

1）单轴抗压强度

使用 CMT5000 电液刚性伺服岩石力学系统对非亲水相似材料试件进行单轴抗压强度测试，如图 2-7 所示。

图 2-7　试件单轴抗压强度测试

非亲水材料的单轴抗压强度变化曲线如图 2-8 所示。

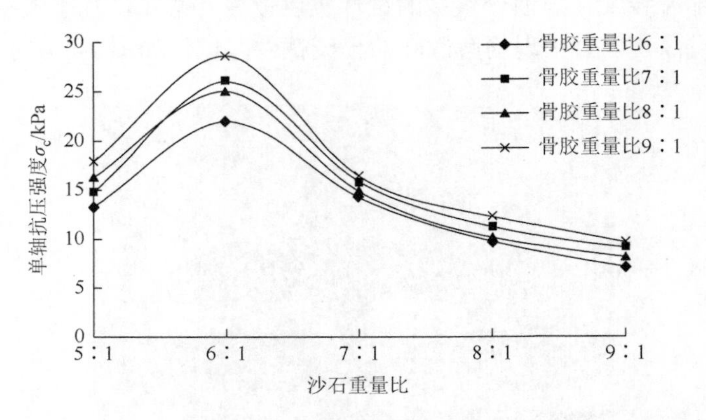

图 2-8　单轴抗压强度变化曲线

分析图 2-8 可得如下结论。

（1）在沙石（沙子和石膏）重量比一定的情况下（骨胶比大于 5∶1），非亲水相似材料的单轴抗压强度都随着骨胶（骨料和胶结剂）重量比的增加而相应增加，表明骨胶重量比是调节试件抗压强度的一个决定因素。例如，在沙石重量比均为 5∶1 的情况下，当骨胶重量比为 6∶1 时，非亲水相似材料的单轴抗压强度为 13.24kPa；当骨胶重量比为 7∶1 时，非亲水相似材料的单轴抗压强度为 14.77kPa，相比增加了 11.6%。

（2）在骨胶重量比一定的情况下，沙石重量比对非亲水相似材料单轴抗压强度的影响也有明显的规律性。随沙石重量比的增大，非亲水材料的单轴抗压强度先增大后减小，当沙石重量比小于 6∶1 时，不同骨胶重量比的情况下都达到了峰值，说明此种情况下石膏和沙子胶结最充分。当沙石重量比大于 7∶1 时，非亲水相似材料中石膏的比重减小，不能充分胶结，单轴抗压强度减小，不能满足隔水层相似材料模拟要求。

（3）沙石重量比为 5∶1～7∶1 时，非亲水相似材料的强度能够满足隔水层相似材料的要求。

2）塑性指数

根据岩石力学岩体塑性性质，试件在过了屈服极限以后，在较小的应力作用下会产生较大的变形，所以选择试件屈服并达到峰值强度后随应力下降产生形变的能力来表示试件塑性段的应力应变特性，即塑性特征参量：

$$\alpha = \frac{\sigma_1 - \sigma_2}{\varepsilon_1 - \varepsilon_2} \tag{2-3}$$

式中，α 为塑性特征参量；σ_1 为非亲水相似材料的抗压峰值强度；σ_2 为非亲水相似材料的残余强度；ε_1 为非亲水相似材料的峰值强度值时的应变量；ε_2 为非亲水相似材料的残余强度时的应变量。

由式（2-3）可知，非亲水相似材料的塑性特征参量 α 越小，说明在峰值强度和残余强度之间非亲水相似材料的变形量越大。塑性指数变化曲线如图 2-9 所示。

分析图 2-9 可得如下结论。

（1）在同一骨胶重量比条件下，随着沙石重量比的增大，塑性特征参量 α 值不断增大。例如，在同一骨胶重量比条件下，当沙石重量比为 6∶1 时，α 值为 0.916kPa；当沙石重量比为 7∶1 时，α 值为 1.34kPa，相比增大 46.3%，表明随着沙石重量比增大非亲水相似材料的塑性性能降低。

（2）胶结剂是影响试件塑性强弱的关键因素。在沙石重量比相同的情况下，非亲水相似材料的塑性特征参量随着骨胶重量比的增大而增大，其塑性性能降低。

（3）沙石重量比为 5∶1～7∶1，骨胶重量比为 6∶1～8∶1 时，非亲水相似材料的塑性性能能够满足隔水层相似材料的要求。

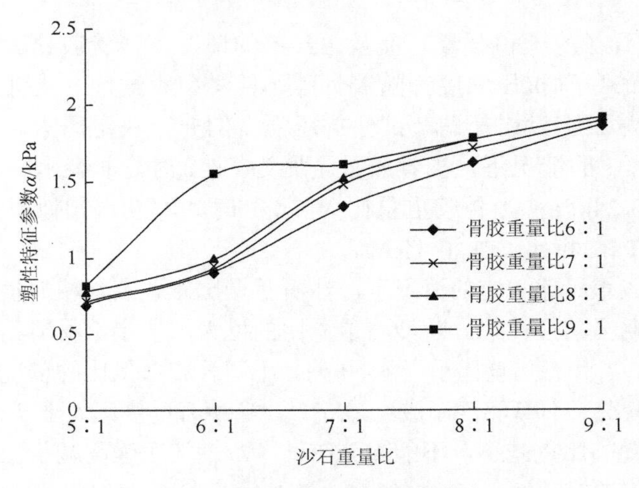

图 2-9　塑性特征参数变化曲线

2. *渗流参数*

1）亲水性

亲水性指材料对水的亲和能力。亲和能力越强，亲水性越好，反之，亲和能力越弱，则亲水性越差。根据材料的亲水性能可分析其隔水性能。亲水性可用吸水率来表征，吸水率越大，亲水性越强。

非亲水相似材料的亲水性测试如图 2-10 所示。

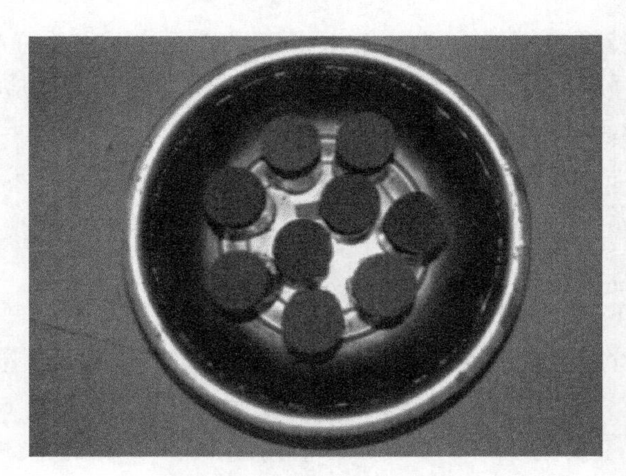

图 2-10　材料亲水性测试

选取吸水率 a 作为材料亲水性的表征参量，其表达式如下：

$$a=\frac{m_{水}}{m_{干}} \tag{2-4}$$

式中，a 为吸水率；$m_{水}$ 为非亲水相似材料试件在水中浸泡 12h 的吸水量；$m_{干}$ 为浸泡前非亲水相似材料试件的质量。

吸水性变化曲线如图 2-11 所示。

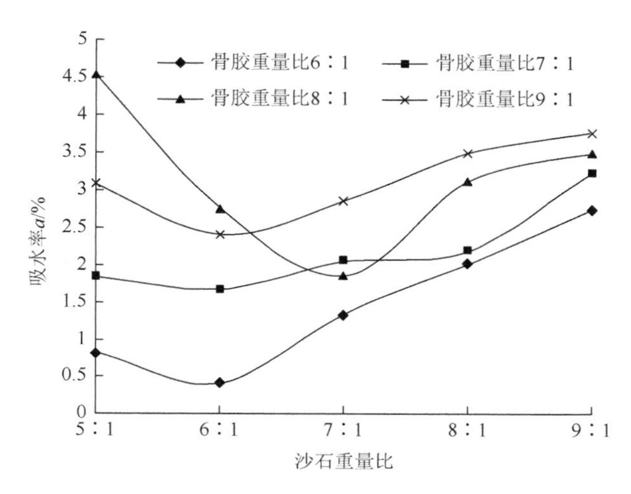

图 2-11 吸水性变化曲线

分析图 2-11 可得如下结论。

（1）非亲水相似材料的吸水率都为 0.4%～4.5%，大多数处于 2%左右，吸水率比较低，属于非亲水性材料。

（2）骨胶比为 6：1、7：1 和 9：1 时的吸水性变化曲线相似，而骨胶比为 8：1 的吸水性变化曲线与其他骨胶比时的相似，但与其他骨胶比时的最小吸水率对应的砂石比不同。后面分析中得到的规律主要根据骨胶比为 6：1、7：1 和 9：1 时的吸水性变化曲线得出。

（3）当沙石重量比为 5：1～6：1 时，非亲水相似材料中石膏的含量较高，材料结构致密。吸水性主要由石膏的亲水性决定，随着石膏含量的降低，非亲水相似材料的吸水性也逐渐降低。当沙石重量比为 6：1～7：1 时，随着石膏含量的下降，沙子含量的相对增加，非亲水相似材料出现储水空隙致使其吸水性又逐步增加。当沙石重量比超过 7：1 时，材料出现了较多的储水空隙，非亲水性降低，不能满足隔水层材料的非亲水性要求。故满足隔水层材料的非亲水性要求的沙石重量比为 5：1～7：1。

2）渗透性

渗透性决定材料的隔水性能。随着非亲水相似材料配比中石膏的质量分数、硅油和凡士林所占比例的变化，渗透性能的变化范围比较大。用渗透速率 v 来表征其渗透能力的大小，定义式如下：

$$v = \frac{l_s}{t} \tag{2-5}$$

式中，l_s为水浸入的轴向长度，mm；t为渗透时间，h。

通过试验由式（2-5）计算，得出相似材料中几种典型配比试件的渗透速率，见表2-4。

表2-4　典型配比材料的渗透速率值

试件编号	硅凡重量比	石膏含量/%	最大渗透速率 v/(mm/h)
1	2∶1	14.5	6.12
2	1∶1	14.5	5.54
3	1∶1	20	5.17
4	1∶3	14.5	4.32

分析表2-4可知，非亲水相似材料的最大渗透速率随着硅凡重量比的减小而降低，石膏的含量对试件的最大渗透速率影响较大。硅凡（硅油和凡士林）重量比均为1∶1时，石膏含量为14.5%的试件的最大渗透速率为5.54mm/h，石膏含量为20%的试件的最大渗透速率为5.17mm/h，主要原因是石膏含量增大使得材料更加密实，降低了非亲水相似材料的渗透速率。

3）膨胀性

隔水层材料遇水后的膨胀性用膨胀率表示。假设非亲水性相似材料浸水前的体积为V，浸水后体积增量用ΔV来表示，则非亲水性相似材料的膨胀率为$\Delta V/V$。

影响非亲水性相似材料膨胀性的主要成分是石膏，胶结剂对非亲水性相似材料膨胀性的影响不明显，即当非亲水性相似材料的骨胶重量比不同时，其膨胀率差别不大。非亲水性相似材料膨胀率变化曲线如图2-12所示。

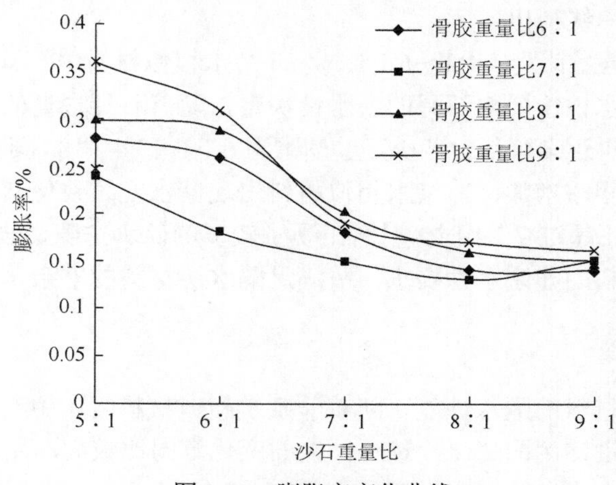

图2-12　膨胀率变化曲线

分析图 2-12 可得如下结论。

（1）随着沙石重量比的增大，非亲水性相似材料中石膏的相对含量减小，其膨胀率呈明显下降趋势。沙石重量比为 5∶1～6∶1 时，非亲水性相似材料的膨胀率较高，其值为 0.18%～0.36%，这主要是由石膏的遇水膨胀所决定的。

（2）沙石重量比为 7∶1～9∶1 时，非亲水相似材料的膨胀率基本不变，这是石膏的含量减少，对非亲水性相似材料的膨胀率贡献减少的结果。

（3）沙石重量比为 5∶1～7∶1 时，非亲水性相似材料的膨胀率较大，膨胀性能够满足隔水层相似材料的要求。

4）软化效应

材料遇水软化特性的优良程度直接决定材料是否可以应用于实际。试验分不浸泡、浸泡 10 天、浸泡 30 天三种情况对试件进行处理，然后测试非亲水性相似材料的抗压强度，其结果见表 2-5。

表 2-5 不同浸泡时间非亲水性相似材料的抗压强度对比

浸泡时间/天	沙石重量比 5∶1(骨胶重量比 7∶1)		沙石重量比 6∶1(骨胶重量比 7∶1)		沙石重量比 7∶1(骨胶重量比 7∶1)	
	密度/(g/cm^3)	抗压强度/kPa	密度/(g/cm^3)	抗压强度/kPa	密度/(g/cm^3)	抗压强度/kPa
0	2.023	14.77	2.087	25.98	2.112	15.79
10	2.102	14.28	2.107	25.76	2.127	15.29
30	2.106	14.09	2.116	25.87	2.131	14.98

分析表 2-5 可得如下结论。

（1）非亲水相似材料试件在水中浸泡 10 天，软化效应特别小。例如，在骨胶重量比均为 7∶1 的情况下，当沙石重量比为 5∶1 时，非亲水相似材料的抗压强度减小 3.32%；当沙石重量比为 6∶1 时，抗压强度减小 0.8%；当沙石重量比为 7∶1 时，抗压强度减小 3.17%。

（2）非亲水相似材料试件在水中浸泡 30 天与浸泡 10 天相比，抗压强度基本不变。例如，在骨胶重量比均为 7∶1 的情况下，当沙石重量比为 5∶1 时，非亲水相似材料抗压强度减小 1.33%；当沙石重量比为 6∶1 时，抗压强度升高 0.4%；当沙石重量比为 7∶1 时，抗压强度减小 2.03%。

（3）非亲水相似材料的抗压强度并未由于浸泡时间的延长而出现明显变化，软化幅度可以忽略不计。

5）凡硅重量比

试验研究了材料的凡硅重量比[9]对材料单轴抗压强度和渗透速率的影响，如图 2-13 所示。研究得出：非亲水相似材料单轴抗压强度受凡硅重量比的影响特别明显，例如，凡硅重量比由 3∶1 降低至 2∶1 时，非亲水相似材料单轴抗压强度由 28.79kPa 下降到 16.56kPa，降低了 42.5%，当凡硅重量比下降到 1∶3 时，单轴抗压强度仅为 7.39kPa，这主要是由于凡士林含量大，可使骨料和胶结剂更好地发生反应，使非亲水相似材料更加致密，其单轴抗压强度就增大。非亲水相似材料的渗透速率受凡硅重量比的影响也特别显著；在相同水头压力下，凡硅重量比为 3∶1 时，非亲水相似材料的渗透速率几乎为零，随着凡士林比例的下降，渗透速率不断提高。凡硅重量比为 1∶1～3∶1 时，从单轴抗压强度和渗透速率两个方面都能够满足隔水层相似材料的性能要求。

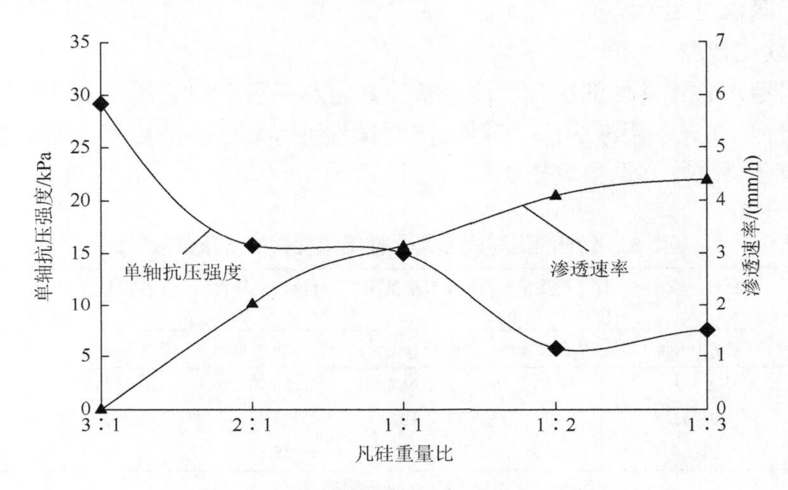

图 2-13　凡硅重量比对模拟材料的影响

部分典型试件的性能参数见表 2-6。

表 2-6　部分典型非亲水相似材料的性能参数

试块编号	材料配比（S∶P∶V∶S）	抗压强度 σ/kPa	塑性特征参量 α/kPa	吸水率 a/%	膨胀率 θ/%
1	1∶0.2∶0.13∶0.066	13.24	0.70	0.81	0.28
2	1∶0.2∶0.11∶0.057	14.77	0.714	1.84	0.24
3	1∶0.2∶0.1∶0.05	16.25	0.78	4.52	0.30
4	1∶0.17∶0.13∶0.065	21.91	0.916	0.40	0.26
5	1∶0.17∶0.11∶0.055	25.98	0.94	1.68	0.18
6	1∶0.17∶0.097∶0.049	24.96	1.0	2.75	0.29
7	1∶0.14∶0.12∶0.06	14.26	1.34	1.35	0.18
8	1∶0.14∶0.10∶0.05	15.79	1.41	2.06	0.15
9	1∶0.14∶0.095∶0.048	14.77	1.52	1.86	0.20

注：S∶P∶V∶S 表示沙子、石膏、凡士林、硅油的质量比。

2.5 物理相似模拟实验

实验室物理相似模拟实验，具有实验结果直观、实验周期短、条件易控制和经济高效的显著优点，是保水开采的主要方法和手段之一[125-129]。该实验方法在满足基本相似条件（包括几何、运动、动力、初始条件和边界条件等）的基础上，能够模拟真实采矿活动的主要特征，包括岩层移动、覆岩应力及位移和裂隙发育过程。

2.5.1 方案设计

1. 物理相似模拟模型

本书重点研究第Ⅰ类和第Ⅱ类浅埋近距煤层，以神东矿区石圪台煤矿浅埋近距煤层开采区域的覆岩地层为原型，为使研究结果具有普适性，适当调整地质参数，设计6个浅埋近距煤层物理相似模拟模型（覆岩参数见表2-7），具体如下。

第Ⅰ类浅埋近距煤层包括三种方案：方案一：基岩厚度47m，煤层间距9m，层采比为3；方案二：基岩厚度47m，煤层间距18m，层采比为6；方案三：基岩厚度47m，煤层间距30m，层采比为10。

第Ⅱ类浅埋近距煤层包括三种方案：方案四：基岩厚度72m，煤层间距9m，层采比为3；方案五：基岩厚度72m，煤层间距18m，层采比为6；方案六：基岩厚度72m，煤层间距30m，层采比为10。

表2-7 不同相似模拟方案的覆岩结构参数

方案一				方案二			
序号	岩性	厚度/m	备注	序号	岩性	厚度/m	备注
1	松散层	5		1	松散层	5	
2	黄土	6	隔水层	2	黄土	6	隔水层
3	砂质泥岩	6		3	砂质泥岩	6	
4	粉粒砂岩	4		4	粉粒砂岩	4	
5	中粒砂岩	3		5	中粒砂岩	3	
6	细粒砂岩	5		6	细粒砂岩	5	
7	砂质泥岩	3		7	砂质泥岩	3	
8	中粒砂岩	4		8	中粒砂岩	4	
9	粉粒砂岩	4		9	粉粒砂岩	4	
10	粗粒砂岩	3		10	粗粒砂岩	3	

续表

方案一

序号	岩性	厚度/m	备注
11	中粒砂岩	10	基本顶
12	砂质泥岩	5	
13	$1^{-2上}$煤层	2.5	
14	粉粒砂岩	3	
15	中粒砂岩	3	
16	粗粒砂岩	3	
17	1^{-2}煤层	3	
18	细粒砂岩	5	

方案二

序号	岩性	厚度/m	备注
11	中粒砂岩	10	基本顶
12	砂质泥岩	5	
13	$1^{-2上}$煤层	2.5	
14	粉粒砂岩	3	
15	中粒砂岩	12	
16	粗粒砂岩	3	
17	1^{-2}煤层	3	
18	细粒砂岩	5	

方案三

序号	岩性	厚度/m	备注
1	松散层	5	
2	黄土	6	隔水层
3	砂质泥岩	6	
4	粉粒砂岩	4	
5	中粒砂岩	3	
6	细粒砂岩	5	
7	砂质泥岩	3	
8	中粒砂岩	4	
9	粉粒砂岩	4	
10	粗粒砂岩	3	
11	中粒砂岩	10	基本顶
12	砂质泥岩	5	
13	$1^{-2上}$煤层	2.5	
14	粉粒砂岩	7	
15	中粒砂岩	14	
16	粗粒砂岩	10	
17	1^{-2}煤层	3	
18	细粒砂岩	5	

方案四

序号	岩性	厚度/m	备注
1	松散层	5	
2	黄土	6	隔水层
3	砂质泥岩	6	
4	粉粒砂岩	7	
5	中粒砂岩	3	
6	细粒砂岩	16	厚硬岩层
7	砂质泥岩	6	
8	中粒砂岩	9	
9	粉粒砂岩	7	
10	粗粒砂岩	3	
11	中粒砂岩	10	基本顶
12	砂质泥岩	5	
13	$1^{-2上}$煤层	2.5	
14	粉粒砂岩	3	
15	中粒砂岩	3	
16	粗粒砂岩	3	
17	1^{-2}煤层	3	
18	细粒砂岩	5	

方案五

序号	岩性	厚度/m	备注
1	松散层	5	
2	黄土	6	隔水层
3	砂质泥岩	6	

方案六

序号	岩性	厚度/m	备注
1	松散层	5	
2	黄土	6	隔水层
3	砂质泥岩	6	

续表

方案五				方案六			
序号	岩性	厚度/m	备注	序号	岩性	厚度/m	备注
4	粉粒砂岩	7		4	粉粒砂岩	7	
5	中粒砂岩	3		5	中粒砂岩	3	
6	细粒砂岩	16	厚硬岩层	6	细粒砂岩	16	厚硬岩层
7	砂质泥岩	6		7	砂质泥岩	6	
8	中粒砂岩	9		8	中粒砂岩	9	
9	粉粒砂岩	7		9	粉粒砂岩	7	
10	粗粒砂岩	3		10	粗粒砂岩	3	
11	中粒砂岩	10	基本顶	11	中粒砂岩	10	基本顶
12	砂质泥岩	5		12	砂质泥岩	5	
13	$1^{-2上}$煤层	2.5		13	$1^{-2上}$煤层	2.5	
14	粉粒砂岩	3		14	粉粒砂岩	7	
15	中粒砂岩	12		15	中粒砂岩	14	
16	粗粒砂岩	3		16	粗粒砂岩	10	
17	1^{-2}煤层	3		17	1^{-2}煤层	3	
18	细粒砂岩	5		18	细粒砂岩	5	

2. 相似模拟参数与开挖方案

采用平面应力模型架，模型架长130cm，宽10cm。

1）相似比

根据相似理论定理，设计模型几何相似比为$\alpha_l=200$，渗透速率相似比为$\alpha_k=14.14$，时间相似比为$\alpha_t=14.14$，岩层容重相似比为$\alpha_{\gamma y}=1.667$，煤层容重相似比为$\alpha_{\gamma m}=0.933$，岩层强度相似比为$\alpha_{\sigma y}=\alpha_{\gamma y}\alpha_l=333$，煤层强度相似比为$\alpha_{\sigma m}=\alpha_{\gamma m}\alpha_l=187$。石圪台煤矿采用“三八制”作业制度，其中两班生产，一班检修。采煤机双向割煤，往返一次割两刀，截深为0.865m。每个生产班每天割5刀，日进10刀。每天24小时累计推进8.65m。

根据时间相似比，实际每天对应的模型时间$t_{\mathrm{m}}=1.69\mathrm{h}=101.4\mathrm{min}$。推进一刀约10min，对应开挖约4.3mm。按此速度对模型依次进行开挖。

2）边界煤柱设计

为消除边界效应，上下煤层开采边界都需留设煤柱。上煤层左边界留设15cm（30m）和右边界留设20cm（40m），下煤层左边界留设20cm（40m）和右边界留设15cm（30m）。

3）开挖方案

下煤层开切眼内错于上煤层开切眼 5cm（10m），下煤层停采线外错于上煤层停采线 5cm（10m），上煤层和下煤层都开挖 95cm，模拟工作面推进 190m，如图 2-14 所示。

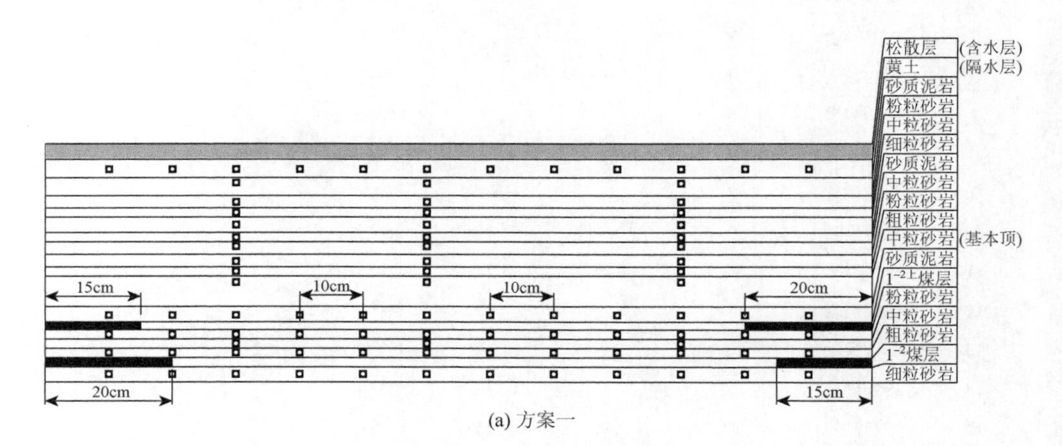

(a) 方案一

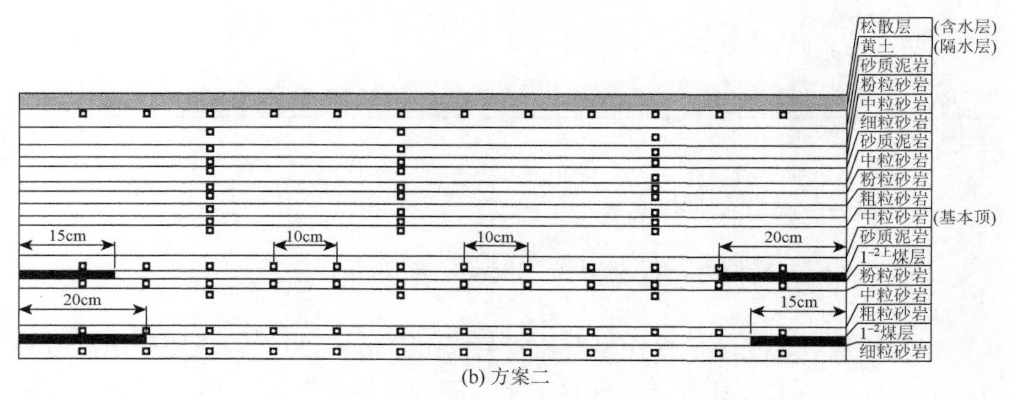

(b) 方案二

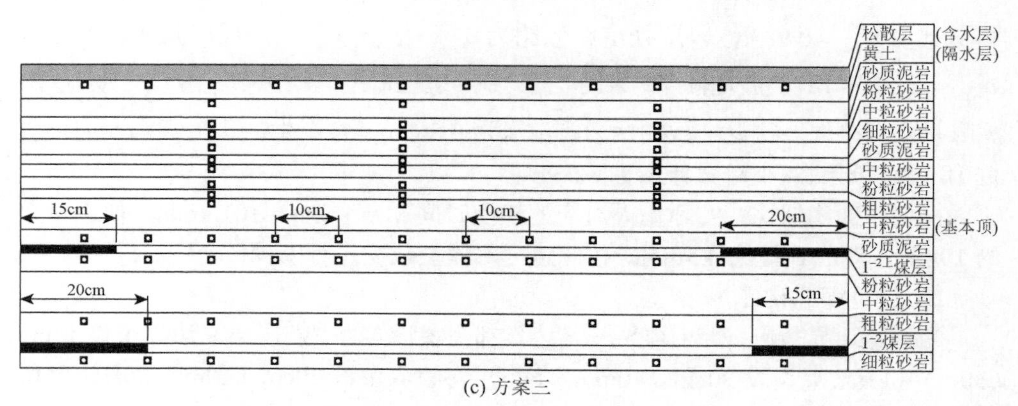

(c) 方案三

(d) 方案四

(e) 方案五

(f) 方案六

图 2-14 位移监测线布置及开挖方案

3. 相似材料选择与配比

模型所选取的相似材料原料主要有石膏、沙子、碳酸钙、凡士林、硅油等。

根据石圪台煤矿煤（岩）体物理力学性能和水理性质参数测试报告，按照不同岩层的强度，确定对应模拟材料的合理配比号。

根据石圪台煤矿浅埋近距煤层隔水层的物理力学性质及水理性质参数，确定非亲水相似材料合理配比为：骨胶重量比为9∶1，沙石重量比为6∶1，硅凡重量比为1∶3。以方案六为例，模型物理力学性能参数及配比号见表2-8，配比方案见表2-9。

表 2-8　模型的物理力学性能参数及配比号

编号	岩性	容重/(kN/m³)	泊松比	抗压强度/kPa	配比号及对应的抗压强度/kPa
1	松散层	—	—	—	—
2	黄土	15	0.3	70	材料单独配置
3	砂质泥岩	15	0.268	68	773（70）
4	粉粒砂岩	15	0.217	76	673（78）
5	中粒砂岩	15	0.223	92	473（90）
6	细粒砂岩	15	0.201	114	373（119）
7	砂质泥岩	15	0.268	66	773（70）
8	中粒砂岩	15	0.223	75	473（76）
9	粉粒砂岩	15	0.217	76	673（76）
10	粗粒砂岩	15	0.226	75	673（76）
11	中粒砂岩	15	0.223	92	473（90）
12	砂质泥岩	15	0.268	68	773（70）
13	$1^{-2上}$煤层	15	0.3	76	673（76）
14	粉粒砂岩	15	0.217	76	673（76）
15	中粒砂岩	15	0.223	94	473（90）
16	粗粒砂岩	15	0.226	75	673（76）
17	1^{-2}煤层	15	0.3	75	673（76）
18	细粒砂岩	15	0.201	117	373（119）

表 2-9　模型的配比方案

序号	岩性	沙子/kg	碳酸钙/kg	石膏/kg	水/kg	重量/kg	厚度/cm	分层厚度/cm	分层
17	红土	10.80	凡士林 1.6	1.80	硅油 0.5		6		55
16	砂质泥岩 （773）	3.41	0.34	0.15	0.43	3.90	6	2	54
		3.41	0.34	0.15	0.43	3.90		2	53
		3.41	0.34	0.15	0.43	3.90		2	52

续表

序号	岩性	沙子/kg	碳酸钙/kg	石膏/kg	水/kg	重量/kg	厚度/cm	分层厚度/cm	分层
15	粉粒砂岩（673）	3.34	0.39	0.17	0.56	3.90	7	2	51
		4.18	0.49	0.21	0.70	4.88		2.5	50
		4.18	0.49	0.21	0.70	4.88		2.5	49
14	中粒砂岩（473）	2.34	0.41	0.18	0.33	2.93	3	1.5	48
		2.34	0.41	0.18	0.33	2.93		1.5	47
13	细粒砂岩（373）	2.93	0.68	0.29	0.43	3.90	16	2	46
		2.93	0.68	0.29	0.43	3.90		2	45
		2.93	0.68	0.29	0.43	3.90		2	44
		3.66	0.85	0.37	0.54	4.88		2.5	43
		3.66	0.85	0.37	0.54	4.88		2.5	42
		3.66	0.85	0.37	0.54	4.88		2.5	41
		3.66	0.85	0.37	0.54	4.88		2.5	40
12	砂质泥岩（773）	3.41	0.34	0.15	0.43	3.90	6	2	39
		3.41	0.34	0.15	0.43	3.90		2	38
		3.41	0.34	0.15	0.43	3.90		2	37
11	中粒砂岩（473）	3.12	0.55	0.23	0.43	3.90	9	2	36
		3.12	0.55	0.23	0.43	3.90		2	35
		3.12	0.55	0.23	0.43	3.90		2	34
		2.34	0.41	0.18	0.33	2.93		1.5	33
		2.34	0.41	0.18	0.33	2.93		1.5	32
10	粉粒砂岩（673）	3.34	0.39	0.17	0.56	3.90	7	2	31
		3.34	0.39	0.17	0.56	3.90		2	30
		2.51	0.29	0.13	0.42	2.93		1.5	29
		2.51	0.29	0.13	0.42	2.93		1.5	28
9	粗粒砂岩（373）	2.19	0.51	0.22	0.42	2.93	3	1.5	27
		2.19	0.51	0.22	0.42	2.93		1.5	26
8	中粒砂岩（473）	3.12	0.55	0.23	0.43	3.90	10	2	25
		3.12	0.55	0.23	0.43	3.90		2	24
		3.12	0.55	0.23	0.43	3.90		2	23
		3.12	0.55	0.23	0.43	3.90		2	22
		3.12	0.55	0.23	0.43	3.90		2	21
7	砂质泥岩（773）	3.41	0.34	0.15	0.43	3.90	5	2	20
		2.56	0.26	0.11	0.33	2.93		1.5	19
		2.56	0.26	0.11	0.33	2.93		1.5	18
6	$1^{-2\text{上}}$煤层（673）	4.18	0.49	0.18	0.54	4.88	2.5	2.5	17

续表

序号	岩性	沙子/kg	碳酸钙/kg	石膏/kg	水/kg	重量/kg	厚度/cm	分层厚度/cm	分层
5	粉粒砂岩（673）	3.34	0.39	0.15	0.43	3.90	7	2	16
		4.18	0.49	0.18	0.54	4.88		2.5	15
		4.18	0.49	0.18	0.54	4.88		2.5	14
4	中粒砂岩（473）	3.90	0.68	0.29	0.54	4.88	14	2.5	13
		3.90	0.68	0.29	0.54	4.88		2.5	12
		3.90	0.68	0.29	0.54	4.88		2.5	11
		3.90	0.68	0.29	0.54	4.88		2.5	10
		3.12	0.55	0.23	0.43	3.90		2	9
		3.12	0.55	0.23	0.43	3.90		2	8
3	粗粒砂岩（673）	3.34	0.39	0.17	0.56	3.90	10	2	7
		3.34	0.39	0.17	0.56	3.90		2	6
		3.34	0.39	0.17	0.56	3.90		2	5
		3.34	0.39	0.17	0.56	3.90		2	4
		3.34	0.39	0.17	0.56	3.90		2	3
2	1^{-2}煤层（673）	5.01	0.59	0.25	0.65	5.85	3	3	2
1	细粒砂岩（373）	3.66	0.85	0.37	0.54	4.88	2.5	2.5	1

注：序号中没有 18，因为序号 18 是松散层，将其重量按照相似比转化为荷载（铁板）后施加在模型上方；序号 17 中，红土的相似配比材料用的是凡士林 1.6kg 和硅油 0.5kg，而不是碳酸钙和水；岩性中括号内数字是配比号，与表 2-8 中最右列的数据一致。

岩层接触面上均匀铺设云母粉作为分层弱面，当单个岩层厚度较大时，采用云母粉将其分隔成单层厚度不大于 2cm 的若干分层。模型铺设好后，待其达到设计强度要求后及时进行开挖。

4. 位移监测点布置

布置 8 条位移监测线，其中 5 条水平监测线和 3 条垂直监测线。水平监测线分别布置在上煤层直接顶、直接底及隔水层和下煤层直接顶、直接底岩层中。每条水平监测线上布置 12 个监测点，自左向右依次布置，位移监测点间距为 10cm（20m）。垂直监测线分别布置在距上煤层开切眼 15cm（30m）、45cm（90m）和 85cm（170m）处。垂直监测线监测点布置位置除上下煤层外，其他岩层每层都有。

隔水层内的水平监测线是用于监测分析煤层开采后隔水层的下沉规律，其他水平监测线用于监测分析上下煤层直接顶的残余碎胀系数。垂直监测线用于分析采空区上覆岩层的残余碎胀系数。

5. 位移采集与分析系统

覆岩位移监测采用中国矿业大学购置的天远三维摄影测量系统，该系统主要由计算机、专业相机、DigiMetric 摄影测量软件、编码点、高精度测量标尺和标志点组成，可以测量出物体表面的编码点与标志点的三维坐标，进而精确得到采动覆岩位移变化规律，如图 2-15 所示。

图 2-15　位移采集与分析系统

2.5.2　模拟结果

为更好地反映现场实际情况，以下实验描述均采用相似比例换算后的数据。

1. 第 Ⅰ 类浅埋近距煤层

1）上煤层开采

以方案一为例，整体模型如图 2-16 所示。

图 2-16　整体模型（方案一）

工作面推进 25.2m 时，发生初次来压，导水裂隙最大高度为 15m。当工作面推进 36m 时，导水裂隙继续向上发育，最大高度达 18m。当工作面推进 45m 时，导水裂隙最大高度达 29m（位于开切眼侧），而开采侧后方 26m 处采空区中部的覆岩导水裂隙部分压实闭合。当工作面推进 56m 时，导水裂隙发育至地表，隔水层内产生微裂隙。随着工作面的继续向前推进，开切眼侧的导水裂隙持续发育，隔水层内的微裂隙逐渐发育形成裂缝，而采空区中部的覆岩导水裂隙逐渐闭合，一般滞后工作面 1～2 周期来压的距离。当工作面推进 190m 时，开切眼侧和停采线侧的覆岩导水裂隙最为发育，采空区的导水裂隙压实闭合，如图 2-17 所示。

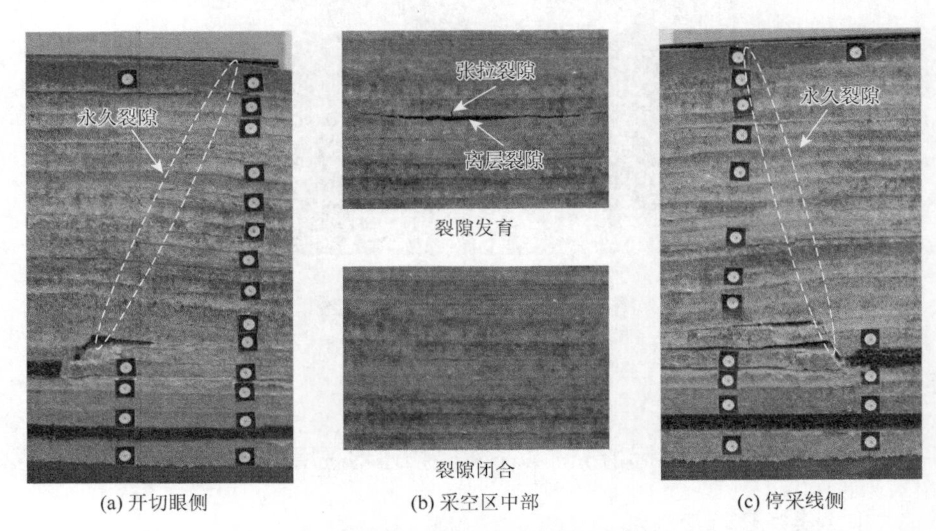

图 2-17　上煤层开采后覆岩导水裂隙发育特征（方案一、二、三）

2）下煤层开采

（1）方案一。方案一的下煤层开采后的覆岩导水裂隙发育特征如图 2-18 所示。

工作面推进 9m 时，层间岩层的第一层岩层破断。工作面推进 11m 时，层间岩层全部破断，引起覆岩下沉移动，上煤层覆岩导水裂隙二次发育，且隔水层内的导水裂隙宽度开始有所增大，但不明显。当工作面推进 19m 时，层间岩层全部发生二次破断，引起上煤层覆岩导水裂隙二次发育。当工作面推进 44m 时，覆岩导水裂隙二次发育程度显著增加（尤其是开切眼侧和开采侧的覆岩导水裂隙），而开采侧后方 23m 处采空区中部的覆岩导水裂隙部分压实闭合。当工作面推进 56m 时，覆岩导水裂隙继续二次发育，开切眼侧的覆岩导水裂隙发育程度显著增加，且隔水层内的导水裂隙宽度也明显变大，而采空区中部的覆岩导水裂隙部分已经开始挤压闭合。随着工作面的继续向前推进，覆岩导水裂隙持续二次发育，开切眼侧的覆岩导水裂隙二次发育程度最为明显，且开切眼侧隔水层内的导水裂隙宽度持续增大，而采空区中部的覆岩导水裂隙逐渐压实闭合，一般滞后工作面 1～2 周期来压的距离。当工作面推进 190m 时，下煤层开采结束，且待其覆岩压实稳定后，覆岩导水裂隙程度达到最大，开切眼侧和停采线侧的覆岩导水裂隙最为发育，且隔水层内的导水裂隙宽度达到最大；而采空区中部的覆岩导水裂隙压实闭合。

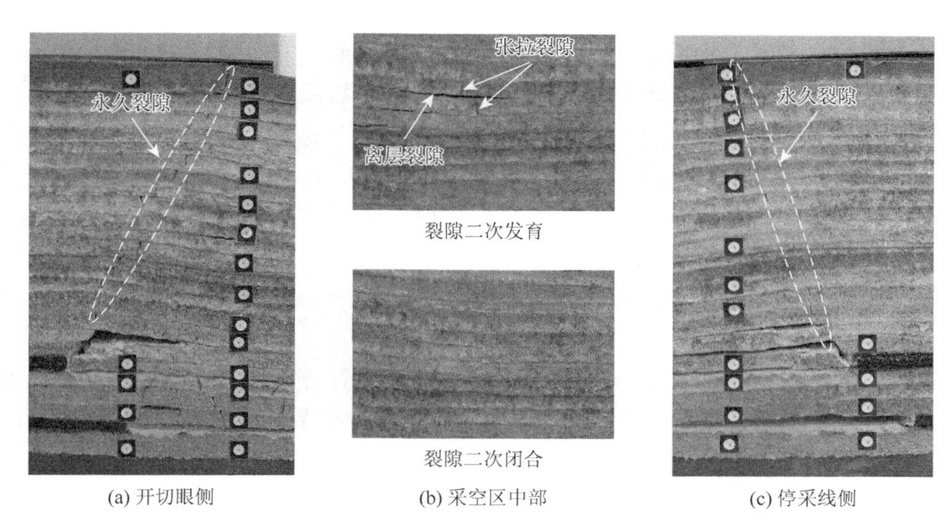

(a) 开切眼侧　(b) 采空区中部　(c) 停采线侧

图 2-18　下煤层开采后覆岩导水裂隙发育特征（方案一）

（2）方案二。方案二的下煤层开采后的覆岩导水裂隙发育特征如图 2-19 所示。

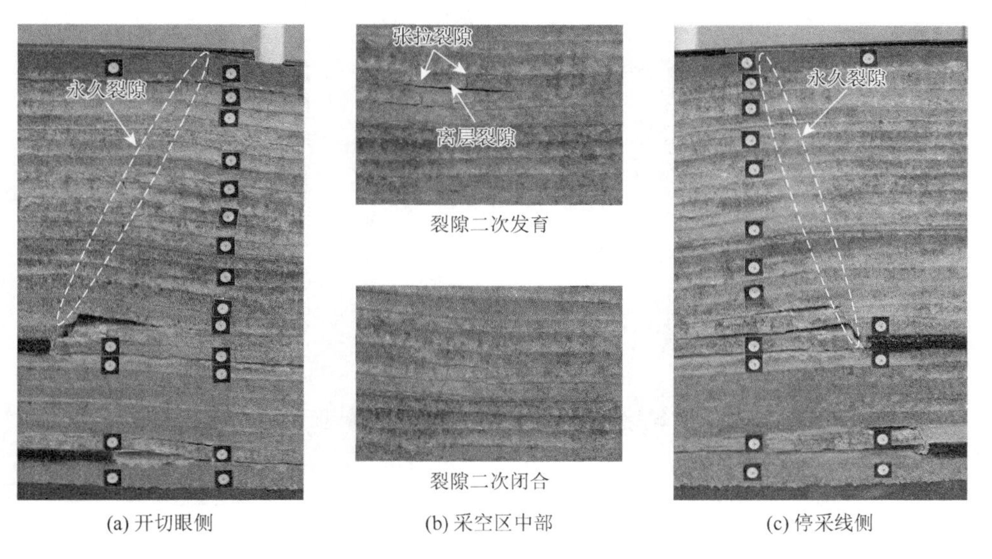

(a) 开切眼侧　(b) 采空区中部　(c) 停采线侧

图 2-19　下煤层开采后覆岩导水裂隙发育特征（方案二）

工作面推进 9m 时，层间岩层的第一层岩层破断。工作面推进 16m 时，层间岩层全部破断，引起上煤层覆岩下沉移动，其导水裂隙开始二次发育，且隔水层内的导水裂隙宽度开始有所增大，但不明显。当工作面推进 27m 时，层间岩层全部发生二次破断，引起上煤层覆岩明显下沉移动，导致上煤层覆岩导水裂隙二次发育，隔水层内的导水裂隙明显张开，裂隙宽度增大。当工作面推进 54m 时，覆岩导水裂隙二次发育程度明显增大，尤其是开切眼侧和开采侧的覆岩导水裂隙，其裂隙张开度显著增大，而采空区中部的覆岩导水裂隙部分岩石闭合。当工作面推进 63m 时，覆岩导水裂隙二次发育，开切眼侧和开采侧的覆岩导水裂隙发育程度显著增加，隔水层内的导水裂隙宽度也显著变大，而其后方采空区中部的覆岩导水裂隙压实闭合范围增大。随着工作面的继续向前推进，覆岩导水裂隙持续二次发育，开切眼侧的覆岩导水裂隙二次发育程度最为明显，且开切眼侧隔水层内的导水裂隙宽度持续增大，而采空区中部的覆岩导水裂隙压实闭合，一般滞后工作面 1～2 周期来压的距离。当工作面推进 190m 时，下煤层开采结束且待覆岩压实稳定后，覆岩导水裂隙程度达到最大，开切眼侧和停采线侧的覆岩导水裂隙最为发育，且隔水层内的导水裂隙宽度达到最大，会导致含水层水持续流失；而采空区的导水裂隙压实闭合。

（3）方案三。方案三的下煤层开采后覆岩导水裂隙发育特征如图 2-20 所示。

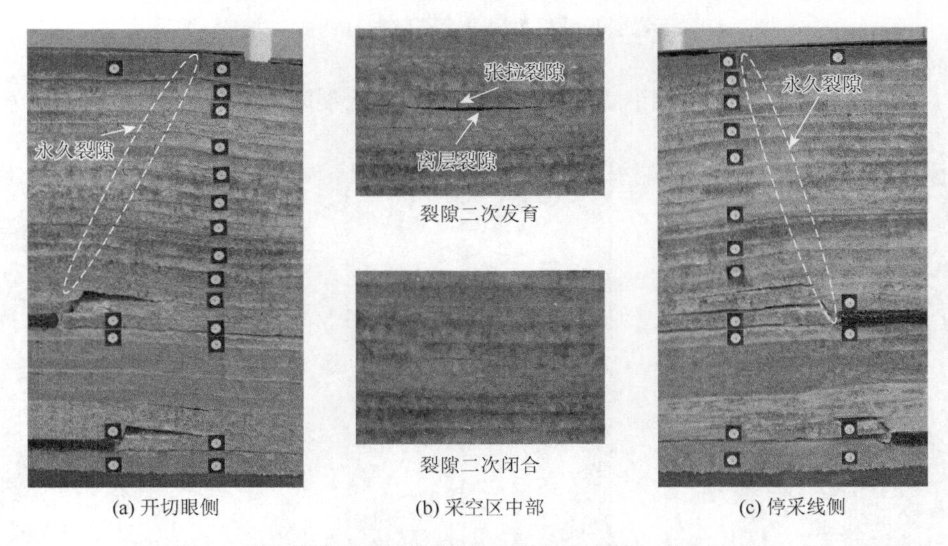

(a) 开切眼侧　(b) 采空区中部　(c) 停采线侧

图 2-20　下煤层开采后覆岩导水裂隙发育特征（方案三）

工作面推进 15m 时，层间岩层的第一层岩层破断。工作面推进 30m 时，层间岩层全部破断，引起上煤层覆岩下沉移动，导致导水裂隙开始二次发育，且隔水层内的导水裂隙宽度开始有所增大，但不明显。当工作面推进 42m 时，层间岩层全部发生二次破断，引起上煤层覆岩明显下沉移动，导致上煤层覆岩导水裂隙二次发育，隔水层内的导水裂隙明显张开，裂隙宽度增大。当工作面推进 74m 时，覆岩导水裂隙二次发育程度显著增大，尤其是开切眼侧和开采侧的覆岩导水裂隙，其裂隙张开度显著增大，而采空区中部的覆岩导水裂隙开始压实闭合。当工作面推进 88m 时，覆岩导水裂隙二次发育，开切眼侧和开采侧的覆岩导水裂隙发育程度显著增大，隔水层内的导水裂隙宽度也显著变大，而其后方采空区中部的覆岩导水裂隙部分逐渐压实闭合。随着工作面的继续向前推进，覆岩导水裂隙持续二次发育，开切眼侧的覆岩导水裂隙二次发育程度最为明显，且开切眼侧隔水层内的导水裂隙宽度持续增大，而采空区中部的覆岩导水裂隙逐渐压实闭合，一般滞后工作面 1～2 周期来压的距离。当工作面推进 190m 时，下煤层开采结束，且待覆岩压实稳定后，覆岩导水裂隙程度达到最大，开切眼侧和停采线侧的覆岩导水裂隙最为发育，且隔水层内的导水裂隙宽度达到最大，会导致含水层水持续流失；而采空区的导水裂隙压实闭合。

2. 第Ⅱ类浅埋近距煤层

1）上煤层开采

以方案六为例，整体模拟如图 2-21 所示。

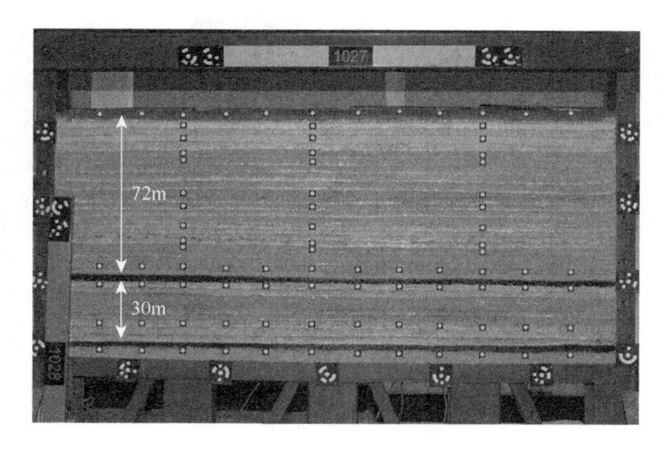

图 2-21 整体模型（方案六）

工作面推进 42m 时，基本顶初次破断，发生初次来压，覆岩导水裂隙发育至基本顶中，最大发育高度达 17m。当工作面推进 61m 时，发生第一次周期来压，来压步距为 19m，覆岩导水裂隙继续向工作面前方扩展及向地表方向发育，最大发育高度达 42m。当工作面推进 88.3m 时，覆岩内的厚硬岩层破断，导水裂隙迅速发育至隔水层底部，且在开切眼侧的隔水层内产生了微小的张拉裂隙。工作面继续推进，覆岩导水裂隙继续向工作面前方扩展，且开切眼侧的覆岩导水裂隙持续发育，经历两次周期来压（约 35m）后，发育程度逐渐变缓，而采空区中部的覆岩导水裂隙经历 1～2 次周期来压后逐渐趋于闭合。当工作面推进 190m（停采线）时，且待覆岩压实稳定后，开切眼侧和停采线侧的覆岩导水裂隙发育至最大，采空区中部的覆岩导水裂隙闭合。上煤层开采后，覆岩导水裂隙发育特征如图 2-22 所示。

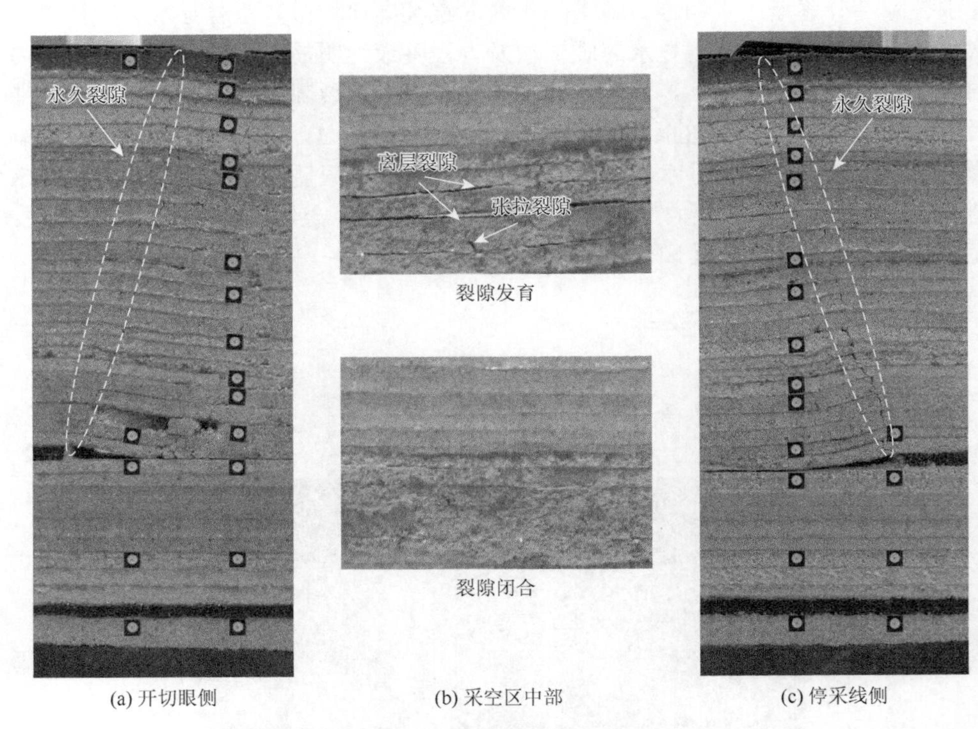

图 2-22　上煤层开采后覆岩导水裂隙发育特征（方案一、二、三）

2）下煤层开采

（1）方案四。工作面推进 8m 时，层间岩层的第一层岩层破断。工作面推进 10m 时，层间岩层全部破断，引起覆岩下沉移动，上煤层覆岩导水裂隙开始二次发育，且隔水层内的导水裂隙宽度开始有所增大，但不明显。当工作面推进 22m 时，层间岩层全部发生二次破断，引起上煤层覆岩明显下沉移动，导致上煤层覆岩导水裂隙二次发育，隔水层内的导水裂隙明显张开，裂隙宽度增大。当工作面推进 44m 时，覆岩导水裂隙二次发育程度显著增大，尤其是开切眼侧和开采侧的覆岩导水裂隙，其裂隙张开度显著增大，而采空区中部的覆岩导水裂隙微闭合。当工作面推进 68m 时，覆岩导水裂隙二次发育，开切眼侧和开采侧的覆岩导水裂隙发育程度显著增加，隔水层内的导水裂隙宽度也显著变大，而其后方采空区中部的覆岩导水裂隙部分已经开始挤压闭合。随着工作面的继续向前推进，覆岩导水裂隙持续二次发育，开切眼侧的覆岩导水裂隙二次发育程度最为明显，且开切眼侧隔水层内的导水裂隙宽度持续增大，而采空区中部的覆岩导水裂隙逐渐压实闭合，一般滞后工作面 1～2 周期来压的距离。当工作面推进 190m 时，下煤层开采结束，且待覆岩压实稳定后，覆岩导水裂隙程度达到最大，开切眼侧和停采线侧的覆岩导水裂隙最为发育，且隔水层内的导水裂隙宽度达到最大，会导致含水层水持续流失；而采空区的导水裂隙压实闭合。方案四的下煤层开采后覆岩导水裂隙发育特征如图 2-23 所示。

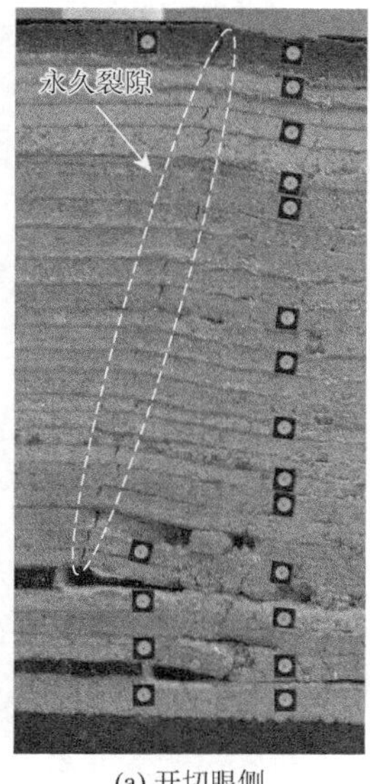

(a) 开切眼侧

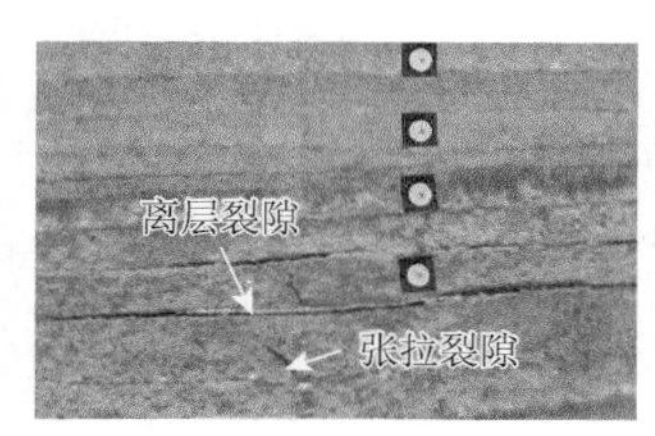

裂隙二次发育

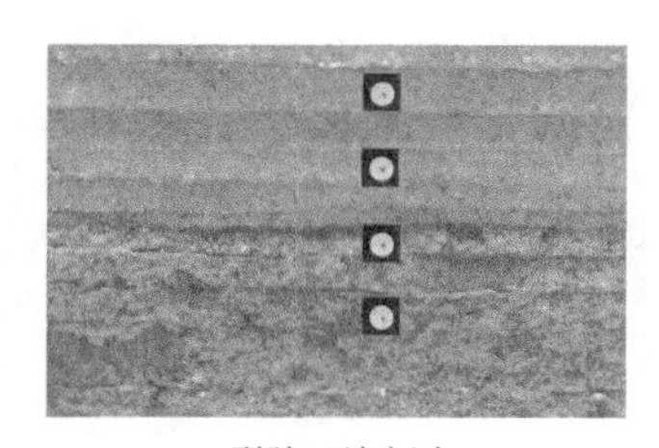

裂隙二次闭合

(b) 采空区中部

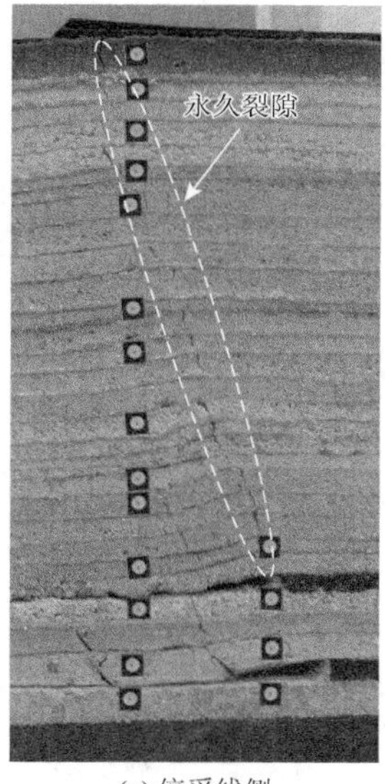

(c) 停采线侧

图 2-23　下煤层开采后覆岩导水裂隙发育特征（方案四）

（2）方案五。工作面推进 15m 时，层间岩层的第一层岩层破断。工作面推进 24m 时，层间岩层全部发生初次破断，引起上煤层覆岩下沉移动，其导水裂隙开始二次发育，且隔水层中的导水裂隙宽度开始有所增大，但不明显。当工作面推进 41m 时，层间岩层全部发生二次破断，引起上煤层覆岩明显下沉移动，导致上煤层覆岩导水裂隙二次发育，隔水层中的导水裂隙明显张开，裂隙宽度增大。当工作面推进 69m 时，覆岩导水裂隙二次发育程度显著增加，尤其是开切眼侧和开采侧的覆岩导水裂隙，其裂隙张开度显著增大，而采空区中部的覆岩导水裂隙微闭合。当工作面推进 78m 时，覆岩导水裂隙二次发育，开切眼侧和开采侧的覆岩导水裂隙发育程度显著增加，隔水层中的导水裂隙宽度也显著变大，而其后方采空区中部的覆岩导水裂隙部分已经开始挤压闭合。随着工作面的继续向前推进，覆岩导水裂隙持续二次发育，开切眼侧的覆岩导水裂隙二次发育程度最为明显，且开切眼侧隔水层中的导水裂隙宽度持续增大，而采空区中部的覆岩导水裂隙逐渐压实闭合，一般滞后工作面 1～2 周期来压的距离。当工作面推进 190m 时，下煤层开采结束，且待覆岩压实稳定后，覆岩导水裂隙程度达到最大，开切眼侧和停采线侧的覆岩导水裂隙最为发育，且隔水层中的导水裂隙宽度达到最大，会导致含水层水持续流失；而采空区的导水裂隙压实闭合。方案五的下煤层开采后覆岩导水裂隙发育特征如图 2-24 所示。

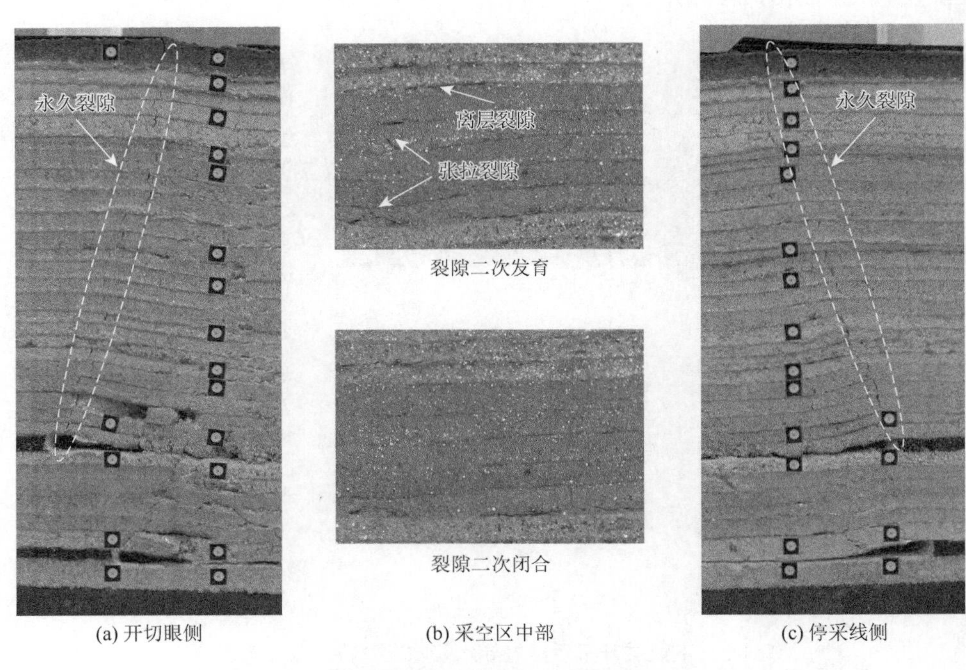

图 2-24　下煤层开采后覆岩导水裂隙发育特征（方案五）

（3）方案六。工作面推进 20m 时，层间岩层的第一层岩层破断。工作面推进 27m 时，层间岩层全部发生初次破断，引起覆岩下沉移动，上煤层覆岩导水裂隙开始二次发育，且隔水层中的导水裂隙宽度开始有所增大，但不明显。当工作面推进 45m 时，层间岩层全部发生二次破断，引起上煤层覆岩明显下沉移动，导致其导水裂隙二次发育，隔水层中的导水裂隙明显张开，裂隙宽度增大。当工作面推进 78m 时，覆岩导水裂隙二次发育程度显著增加，尤其是开切眼侧和开采侧的覆岩导水裂隙，其裂隙张开度显著增大，而采空区中部的覆岩导水裂隙微闭合。当工作面推进 92m 时，覆岩导水裂隙二次发育，开切眼侧和开采侧的覆岩导水裂隙发育程度显著增加，隔水层中的导水裂隙宽度也显著变大，而其后方采空区中部的覆岩导水裂隙部分已经开始挤压闭合。随着工作面的继续向前推进，覆岩导水裂隙持续二次发育，开切眼侧的覆岩导水裂隙二次发育程度最为明显，且开切眼侧隔水层中的导水裂隙宽度持续增大，而采空区中部的覆岩导水裂隙逐渐压实闭合，一般滞后工作面 1～2 周期来压的距离。当工作面推进 190m 时，下煤层开采结束，且待覆岩压实稳定后，覆岩导水裂隙程度达到最大，开切眼侧和停采线侧的覆岩导水裂隙最为发育，且隔水层中的导水裂隙宽度达到最大，会导致含水层水持续流失；而采空区的导水裂隙压实闭合。方案六的下煤层开采后覆岩导水裂隙发育特征如图 2-25 所示。

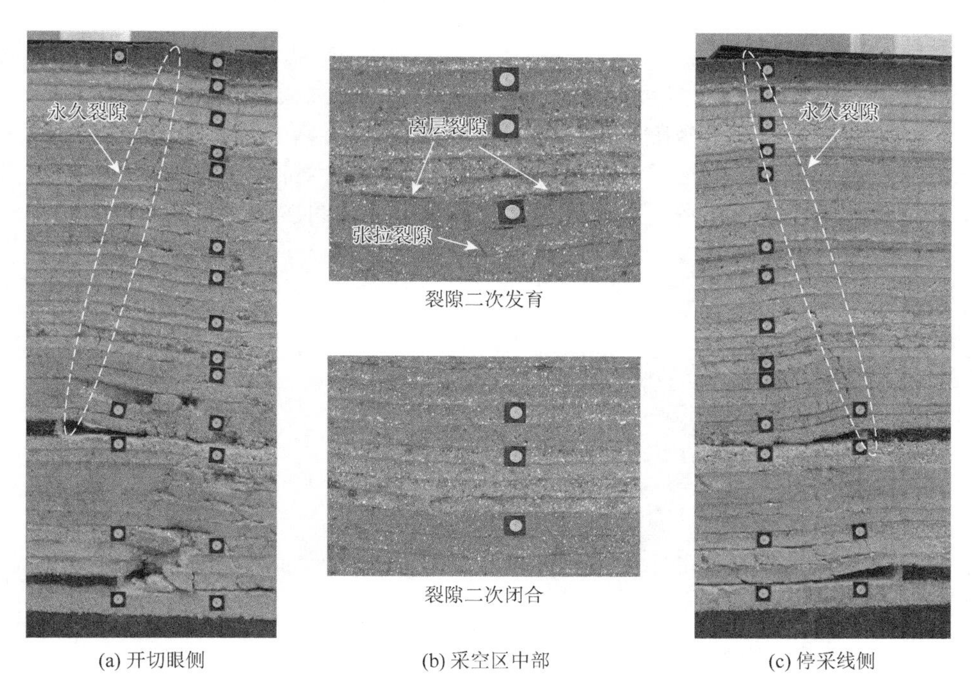

图 2-25 下煤层开采后覆岩导水裂隙发育特征（方案六）

总之，第Ⅱ类浅埋近距煤层重复扰动区导水裂隙发育规律与第Ⅰ类浅埋近距煤层相似。上煤层开采过程中，开切眼侧和停采线侧的覆岩导水裂隙发育最为显著，且随工作面的向前推进不断发育，待煤层开采后覆岩压实稳定后趋于稳定，但最终会贯通至地表；采空区中部的覆岩导水裂隙先发育后逐渐闭合，一般滞后工作面 1～2 个周期来压步距的距离。下煤层开采过程中，层间岩层导水裂隙贯通，上煤层覆岩导水裂隙会二次发育，开切眼侧和停采线侧的覆岩导水裂隙持续发育，发育程度加剧；而采空区中部的覆岩导水裂隙发育是一个动态过程，随工作面的向前推进先发育后逐渐压实闭合。上煤层开采过程中，随基岩厚度的增大，开切眼侧和停采线侧的导水裂隙发育程度会减小；下煤层开采过程中，开切眼侧和停采线侧的导水裂隙发育程度会加剧。煤层间距对浅埋近距煤层重复扰动区覆岩导水裂隙二次发育程度影响显著，煤层间距增大，重复扰动区覆岩导水裂隙二次发育程度会变小。

2.5.3 隔水层张拉裂隙宽度变化规律

隔水层裂隙宽度变化规律与其自身在外荷载作用下的水平变形值有关。而水平拉伸值受监测点布置影响，不同监测点距离下所测得的水平拉伸值不同，因此，很难建立隔水层裂隙宽度变化规律与其自身在外荷载作用下的水平变形值之间的量化关系。为了弄清隔水层裂隙宽度变化规律，并寻找与其相关的变量，以促进量化分析工作的开展，考虑到隔水层裂隙宽度变化与其最大下沉值有关，因此开展了此方面的研究。

采用游标卡尺测量裂隙宽度（图 2-26），游标卡尺精度为 0.05mm。统计了不同隔水层最大下沉值对应的张拉裂隙宽度，主要包括六种方案的覆岩稳定后的隔水层张拉裂隙宽度。对统计数据进行了曲线拟合，如图 2-27 所示。

图 2-26 隔水层裂隙宽度测量

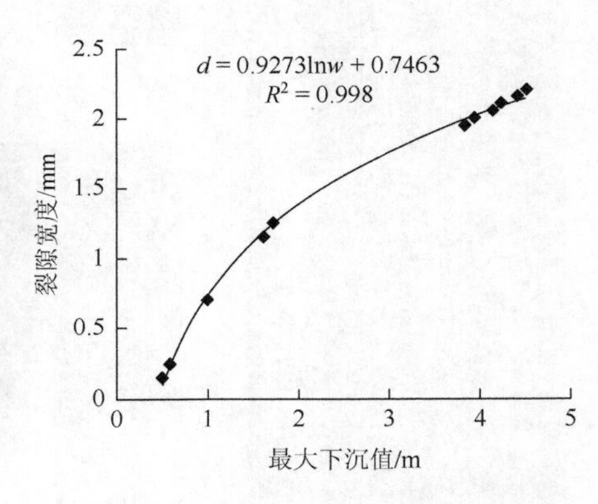

图 2-27 隔水层张拉裂隙宽度变化曲线

分析图 2-27 可知，隔水层张拉裂隙宽度与其最大下沉值密切相关。随隔水层最大下沉值的增大，其裂隙宽度会逐渐增大。但该关系曲线并非呈线性关系，而是近似于对数关系。

2.5.4 采动覆岩残余碎胀系数变化规律

煤层开采引起地表下沉，但地表下沉空间小于煤层开采空间[130-133]，这主要是岩体的残余碎胀性在发挥作用。岩石具有碎胀性，其破碎后的体积比破碎前的大，已有研究给出了煤矿中常见岩石的碎胀系数和残余碎胀系数的取值范围[134]。

关于岩石碎胀性方面的研究不多，郝彬彬和王春红[135]在通过物理化学构成分析、电镜扫描、碎胀性分析三方面对充填矸石基本力学性能研究的基础上，借助单轴压缩实验机对充填矸石的压实特性开展实验分析；张振南等[136]进行了松散岩块压实变形模量的试验研究；张俊英和王金庄[137]研究得出了破碎岩石的碎胀系教、孔隙率、压缩应变、割线模量等与轴向压应力的关系；苏承东等[138]研究了煤层顶板破碎岩石压实特征，分析了岩石块径、强度、压实应力对碎石压实特性的影响。在采动覆岩碎胀系数变化规律方面的研究很少，李树刚[139]根据采空区冒落岩体碎胀特性的不同，对采空区进行了划分，提出不同分区的岩体碎胀系数的理论计算方法，并分析了采空区岩体的碎胀特性。张冬至等[140]借助相似材料模型实验及部分实测钻孔资料，研究了采空区上方覆岩在压实过程中碎胀系数随时间、工作面推进及距离煤层高度的变化规律；马新根等[141]通过地质详查、自然观测、标记观测以及层厚加权计算等多种方法的相互配合，对塔山煤矿 8304 工作面复合顶板碎胀系数进行测定，同时对碎石帮侧向压力实施监测。

采动覆岩的残余碎胀系数对覆岩裂隙发育和地表沉陷研究具有重要的意义，但其值很难测定。现场施工岩层移动钻孔实测岩层位移，间接得出采动覆岩的碎胀系数变化规律，是一种可靠的方法，但该方法投入大，现场实施难度大，一般很少采用。物理相似模拟实验能够模拟真实采矿活动的主要特征，包括岩层移动、覆岩应力及位移变化和裂隙发育过程，借助物理相似模拟实验可间接得出覆岩的碎胀系数变化规律，张冬至等[140]进行了此方面的研究工作。本书在已有研究成果的基础上，对基于物理相似模拟实验的碎胀系数的计算方法进行优化和完善，并分析了近距煤层重复扰动区采动覆岩的残余碎胀系数变化规律。

物理相似模拟实验方案中岩层位移监测点布置位置偏向岩层上部。

1. 采动覆岩残余碎胀系数计算公式

根据采动覆岩的位移特征不同，分别给出了煤层直接顶和其他岩层的残余碎胀系数计算公式。

（1）直接顶的残余碎胀系数计算公式为

$$K_{cz} = 1 + (M-W_z)/h_z \tag{2-6}$$

式中，K_{cz} 为直接顶的残余碎胀系数；M 为煤层厚度；W_z 为直接顶的绝对位移值；h_z 为直接顶的厚度。

（2）其他岩层的残余碎胀系数计算公式为

$$K_{ci} = 1 + (W_{i-1}-W_i)/h_i, \quad i > 2 \tag{2-7}$$

式中，K_{ci} 为第 i 层岩层的残余碎胀系数；W_{i-1} 为第 $i-1$ 层岩层的绝对位移值；W_i 为第 i 层岩层的绝对位移值；h_i 为第 i 层岩层的厚度。

2. 采动覆岩残余碎胀系数在垂直地层走向方向上的分布规律

煤层开采后 10 天（实际 141 天），其上覆岩层接近于稳定状态[114]。统计上煤层开采后第 10 天和下煤层开采完毕后第 10 天的数据，分析覆岩残余碎胀系数在垂直地层走向方向上的分布规律，如图 2-28 所示。以方案三和方案六为例。

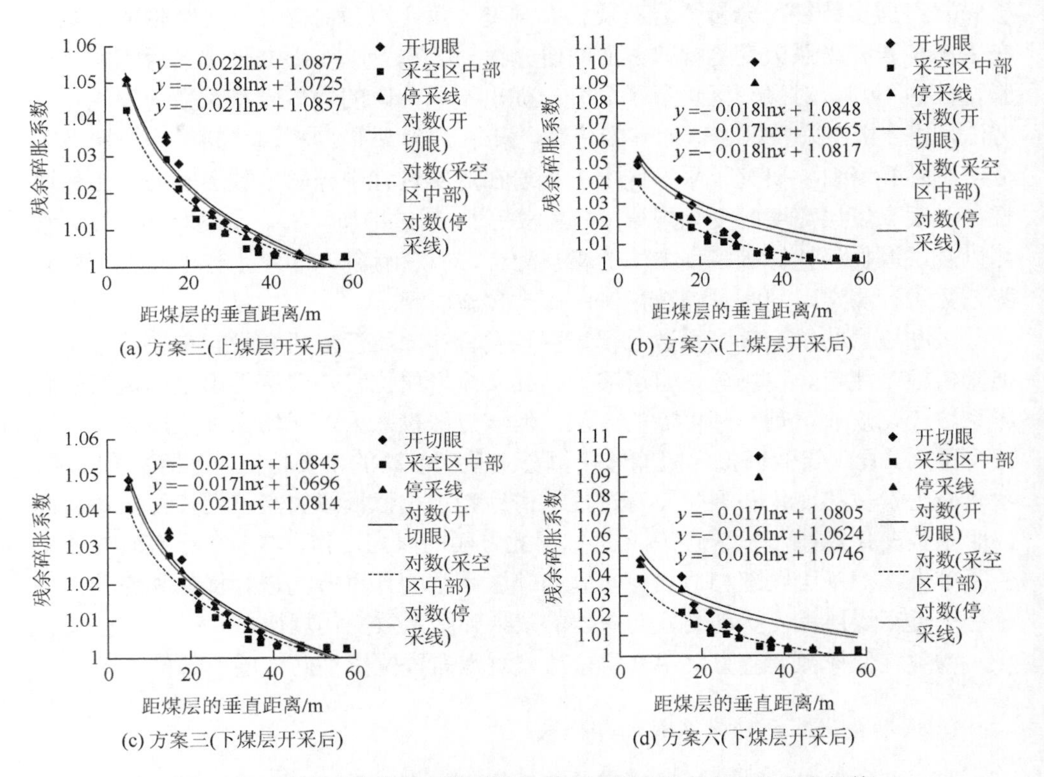

图 2-28　采动覆岩残余碎胀系数在垂直地层走向方向上的分布规律

分析图 2-28 可得如下结论。

（1）距离煤层越近，岩层的残余碎胀系数越大。煤层开采后，上覆岩层自下而上逐层破断，距离煤层越近的岩层，其破坏程度越大，碎胀性越好，尽管在上覆岩层荷载作用下，破坏的岩层会逐渐被压实，但靠近煤层的岩层残余碎胀系数依然为最大；距离煤层越远，岩层的破坏程度越小，其残余碎胀系数自然也越小。

（2）采空区中部的覆岩压实稳定后，层间离层裂隙都已压实闭合，而开切眼侧和停采线侧覆岩中的部分岩层的破断岩块挤压铰接后，存在离层裂隙。因此同一岩层中，开切眼侧和停采线侧的覆岩残余碎胀系数较大，而采空区中部的相对较小。厚硬岩层与其下方软弱岩层间产生的离层裂隙不易压实闭合，本试验中覆岩内存在 16m 的细砂岩（厚硬岩层），采用本书提出的采动覆岩残余碎胀系数计算方法，得出厚硬岩层下方邻近岩层的残余碎胀系数在开切眼和停采线附近达到了 1.09～1.1。

（3）方案三中，距离煤层 20m 范围内的岩层，其残余碎胀系数较大，为 1.02～1.055；距离煤层 20～30m 范围内的岩层，其残余碎胀系数为 1.01～1.02；距离煤层 30m 以外的岩层，其残余碎胀系数小于 1.01；当覆岩厚度足够大，且岩层距煤层的距离达到一定高度时，该岩层的残余碎胀系数会无限趋近于 1。方案六中，距离煤层 18m 范围内的岩层，其残余碎胀系数最大，为 1.02～1.053；距离煤层 18～40m 范围内的岩层，其残余碎胀系数为 1.003～1.02；距离煤层 40m 以外的岩层，其残余碎胀系数小于 1.01。

（4）方案三和方案六中覆岩的残余碎胀系数变化规律基本相似，方案六中采空区中部的覆岩残余碎胀系数较方案三的小，这是因为方案六的覆岩厚度较大，上煤层开采后，覆岩所受荷载较大，压实程度更好；方案六中开切眼侧和停采线侧的覆岩残余碎胀系数较方案三的略大，且出现了残余碎胀系数异常变大现象，其值达到 1.1 左右，这是厚硬岩层破断后与其下方岩层形成了离层空间，采用本书提出的采动覆岩残余碎胀系数计算方法得出的结果。

（5）下煤层开采后上煤层覆岩的残余碎胀系数与上煤层开采后的相比有所减小，但减小程度不大，这是因为下煤层开采后，上覆岩层破断岩块二次破断，更易压实。

3. 采动覆岩残余碎胀系数在平行地层走向方向上的分布规律

以方案六的上下煤层直接顶为例，分析其采动覆岩残余碎胀系数在平行地层走向方向上的变化规律，如图 2-29 所示。

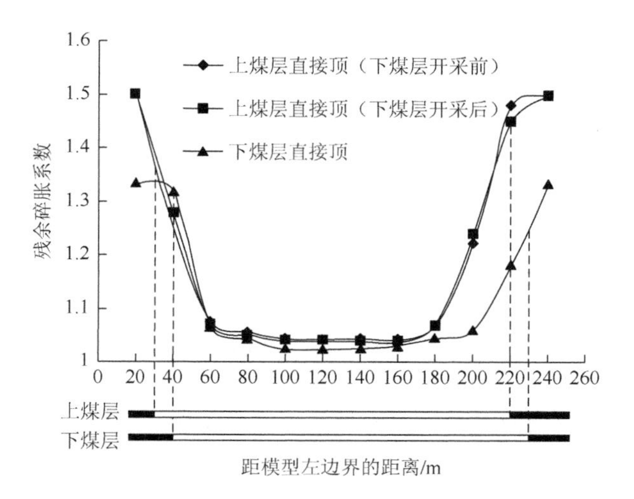

图 2-29　采动覆岩残余碎胀系数在平行地层走向方向上的变化规律

分析图 2-29 可以得到以下几点结论。

（1）应用岩层残余碎胀系数计算公式（式（2-1）和式（2-2）），在煤层开采影响范围以外，上煤层直接顶的残余碎胀系数为 1.5，而下煤层直接顶的残余碎胀系数为1.33。上煤层开采后，距上煤层开采左边界30m范围内，其直接顶残余碎胀系数为显著递减阶段，30～50m 范围内为缓慢递减阶段，50～150m 范围内为保持恒定阶段，160～190m 范围内为缓慢递增阶段。

（2）直接顶的残余碎胀系数在平行地层走向方向（工作面推进方向）上，两头（开切眼侧和停采线侧）大，中间（采空区中部）小。开切眼侧和停采线侧覆岩内形成了铰接结构，此区域直接顶所受的荷载很小，不易被压实，因此该区域的直接顶残余碎胀系数相对较大。而距离开切眼和停采线越远，上覆岩层对直接顶传递的荷载越大，直接顶更容易被压实，其残余碎胀系数就越小，在采空区中部达到最小值。

（3）下煤层直接顶的残余碎胀系数较上煤层直接顶的小。这主要是因为下煤层的覆岩厚度较上煤层的大，其直接顶所受的荷载较上煤层直接顶的大，压实更密实。

2.6　固液耦合相似模拟实验

对浅埋近距煤层覆岩导水裂隙发育规律进行研究可采用的手段有很多，其中固液耦合相似模拟实验是一种有效的方法，它能够很好地再现覆岩导水裂隙发育及渗流过程。近年来，在科技工作者的努力下，固液耦合相似模拟实验系统和与之相关的非亲水材料不断研制和完善，并在解决科学问题中得到应用。基于已有研究成果，考虑采动隔水层裂隙发育与其遇水膨胀是同步动作的，对实验系统的加水方式进行了改造，并采用本课题组研制的非亲水隔水层材料，进行了固液耦合相似模拟实验（以方案六为例），旨在弄清浅埋近距煤层开采过程中覆岩导水裂隙发育及渗流规律和隔水层弥合特征。

2.6.1　实验设计

黄土隔水层具有遇水膨胀性，当隔水层裂隙宽度较小时，能够弥合不导水；而当隔水层裂隙宽度较大时，其遇水膨胀性不足以使隔水层裂隙弥合时就会导水。为了清楚观察煤层开采过程中采动覆岩导水裂隙的发育及渗流规律和隔水层弥合特征，本实验设计步骤如下：

（1）按照相似材料配比对材料称重、待其搅拌均匀后倒入模型架中，进行模型铺设；

（2）待模型晾干达到设计强度要求后，在进行模型开挖前的 1～2 天，用黄油在隔水层上方砌若干个小水池（保证小水池不漏水），然后将自来水倒入小水池中，固液耦合物理相似模拟整体模型如图 2-30 所示；

（3）最后，按照设计的开挖长度和间隔开挖时间进行模型开挖。

同时，为了分析工作面推进速度对导水裂隙发育的影响，上煤层开采时，0～100m 设计为正常开采阶段，100～160m 为快速推进阶段，160～190m 为正常开采阶段。

(a) 主视图

(b) 俯视图

图 2-30 固液耦合物理相似模拟整体模型

2.6.2 覆岩导水裂隙发育及渗流规律

1. 上煤层开采

工作面推进 43m 时，基本顶破断，其上方邻近岩层的第一层分层也随之破断，导水裂隙发育高度达 17m，如图 2-31（a）所示。工作面推进 96m 时，覆岩中的厚硬岩层破断，导水裂隙发育至隔水层底部；在开切眼侧，隔水层内产生了非常微小的裂隙，且该裂隙对应上方小水池内的水开始有所减少，如图 2-31（b）所示。工作面推进 100～160m 期间，由于此阶段设计为快速开采，该阶段内的覆岩导水裂隙发育不显著，隔水层保持完好，且其上方对应小水池内的水量不变，如图 2-31（c）所示。工作面推进 190m（到达停采线位置）时，开切眼侧和停采线侧的覆岩导水裂隙发育最为显著，两处隔水层内产生了裂隙，且它们上方对应小水池内的水量短暂少量减少后保持不变，表明水渗入隔水层裂隙中，但水资源未大量流失，如图 2-31（d）和图 2-31（e）所示。

(a) 推进43 m

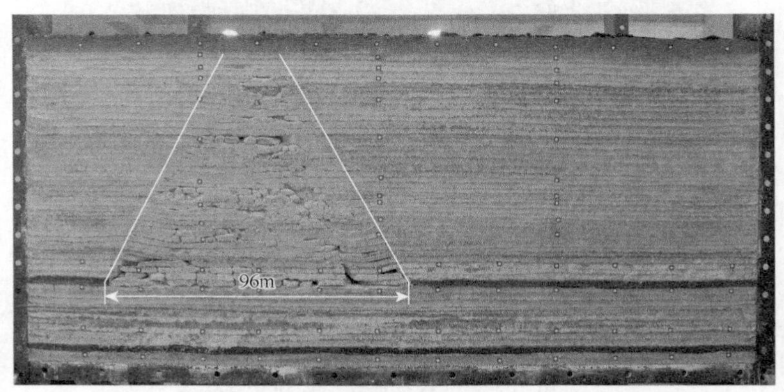

(b) 推进96 m

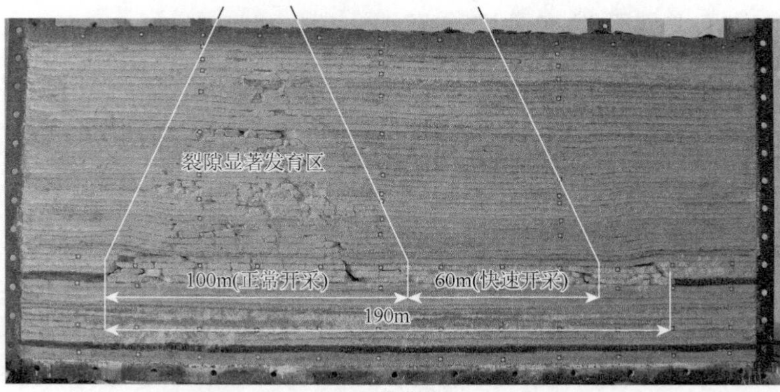

(c) 推进190 m

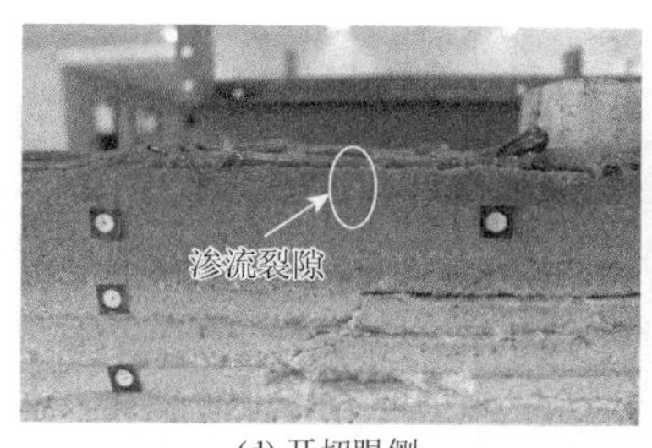

(d) 开切眼侧

(e) 停采线侧

图 2-31 上煤层开采过程中覆岩导水裂隙发育及渗流规律

2. 下煤层开采

工作面推进 30m 时，层间岩层全部破断，引起覆岩下沉移动，导致覆岩导水裂隙二次发育，且隔水层内产生微裂隙，开始渗流，如图 2-32（a）所示。随着工作面的向前推进，覆岩导水裂隙逐渐向工作面前方扩展，且开切眼侧的隔水层裂隙不断张开发育。当工作面推进 80m 时，开切眼侧隔水层裂隙的上部部分张开无法弥合，下部部分能够微弥合，但仍在持续渗流导水，如图 2-32（b）所示。当工作面推进 122m 时，开切眼侧的覆岩导水裂隙持续渗流导水，而开采侧的覆岩导水裂隙向工作面前方扩展，如图 2-32（c）所示。当工作面推进 142m 时，开切眼侧的隔水层裂隙持续渗流导水，水资源不断流失；且采空区中部的隔水层内产生了新的裂隙，不断渗流导水，如图 2-32（d）所示。当工作面推进 190m 时，采空区中部的隔水层裂隙在岩块挤压和隔水层遇水膨胀共同作用下，弥合不渗流，如图 2-32（e）和图 2-32（f）所示。

(a) 推进30m

(b) 推进80m

(c) 推进122m

(d) 推进142m

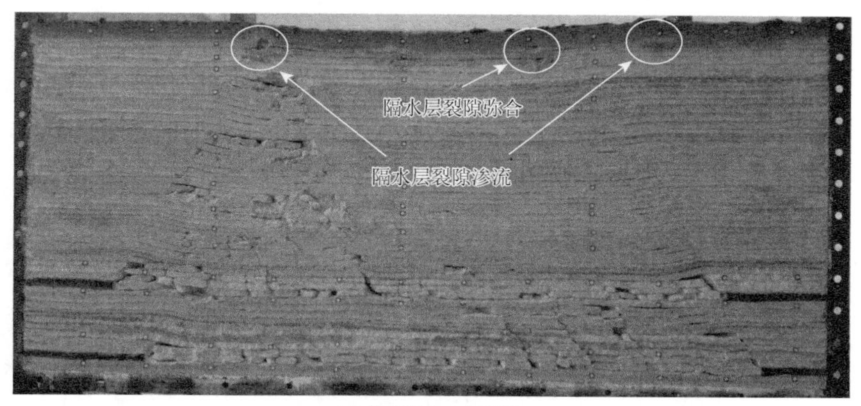

(e) 推进190m(主视图)

(f) 推进190m(俯视图)

图 2-32 下煤层开采过程中覆岩导水裂隙发育及渗流规律

2.6.3 隔水层裂隙弥合特征

1. 开采边界

本小节进行了固体相似模拟和固液耦合相似模拟实验对比，分析隔水层裂隙发育、渗流及弥合特征，如图 2-33 和图 2-34 所示。

(a) 固体相似模拟

(b) 固液耦合相似模拟

图 2-33 上煤层开采后开切眼侧的覆岩隔水层裂隙弥合特征

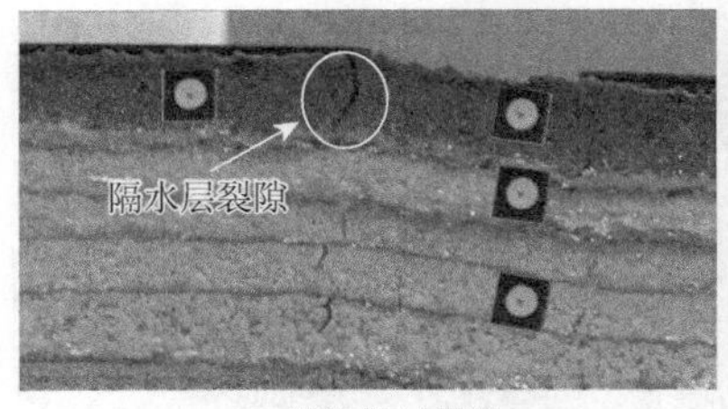

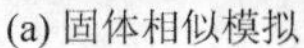

(a) 固体相似模拟

(b) 固液耦合相似模拟

图 2-34　下煤层开采后开切眼侧的覆岩隔水层裂隙弥合特征

对比分析得出，固液耦合相似模拟实验中的隔水层裂隙发育程度较固体相似模拟实验中的小，说明隔水层的弥合特性有利于水资源保护性开采的实现。固液耦合相似模拟实验中，随工作面的推进，开切眼侧的隔水层张拉裂隙逐渐张开发育。开切眼侧的隔水层裂隙在上煤层开采后能够弥合不渗流，但在下煤层开采后隔水层的弥合能力不足以使其裂隙弥合而持续渗流，导致水流失。因此，开采边界区域为保水开采薄弱区。

2. 采空区中部

在采空区中部，由于工作面开采过程中上覆岩层的不同步下沉，隔水层内产生了张拉裂隙，渗流导水，如图 2-35（a）所示。而随着工作面向前推进，隔水层内的张拉裂隙会在隔水层回转挤压和遇水膨胀共同作用下弥合，不会发生渗流导水，如图 2-35（b）所示。

(a) 渗流导水

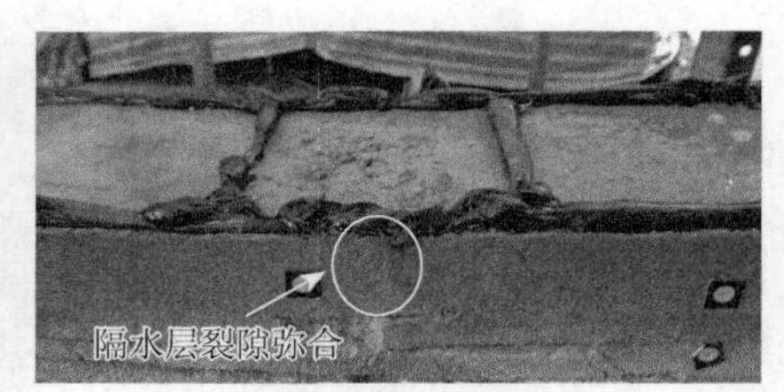

(b) 挤压-膨胀弥合

图 2-35　采空区中部的覆岩隔水层裂隙弥合特征

2.7　覆岩导水裂隙渗流红外辐射探测试验

自然界中温度高于 0K（–273.15℃）的物体都会向外产生包括红外辐射在内的电磁波，岩石受力灾变会引起某些包括红外波段在内的可探测的电磁辐射异常[142, 143]。通过红外热像仪可以探测到物体表面产生的红外辐射及红外辐射强度的分布，并根据热辐射定律计算出物体表面的红外辐射温度，将不可见的红外辐射转化为可见的图像。通过研究煤岩受力过程中其表面的红外辐射特征，可以了解煤岩在动态应力作用下其力学参量和红外辐射之间的关系并判断出煤岩的受力状态[144-148]。

将煤岩体红外辐射探测技术引入固液耦合相似模拟试验中，进行探索性尝试。借助红外热像仪，探测采动覆岩导水裂隙渗流过程中的温度场变化，分析采动覆岩导水裂隙渗流过程中的红外辐射特征。

2.7.1　试验设计

1. 试验设备

红外探测设备采用FLIR A615型非制冷红外热像仪，其分辨率为640×480像素，探测器像素间距为17μm，探测器时间常数为8ms，测量波段为7.5～14μm，测温范围为–40～300℃，热灵敏度（NETD）<0.05℃，最大图像采集频率为25帧/s。

物理模拟平面试验架尺寸为长1.3m×高1.2m×宽0.2m。

2. 试验步骤

（1）采用物理相似模拟实验方法铺设模型，进行模型开挖，模拟煤层开采。

（2）按照时间相似比，待覆岩压实稳定后，即覆岩导水裂隙发育程度达到最大后，在隔水层裂隙上方，用黄油砌成小水池，如图2-36所示。

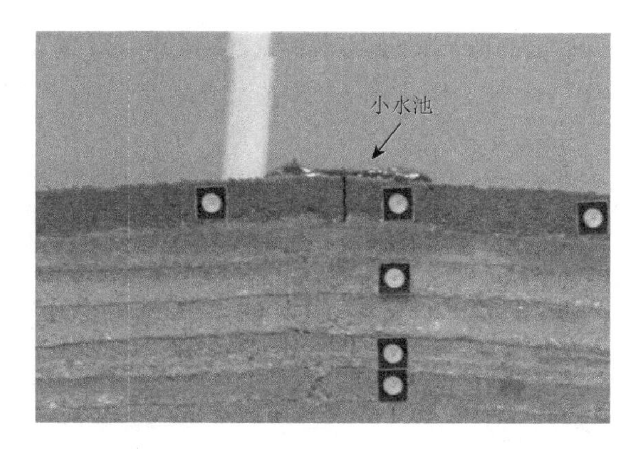

图2-36　砌小水池

（3）将红外热像仪与笔记本电脑连接好，插上电源，打开笔记本电脑中安装好的RDIRs软件，调整红外热像仪位置，使其对准隔水层及其附近岩层内的导水裂隙，如图2-37所示。

图 2-37　覆岩导水裂隙渗流红外辐射探测试验

（4）将水导入小水池中，并同时开始探测。

（5）探测试验结束后，对图像进行处理。

2.7.2　试验结果

1. 覆岩导水通道热水渗流红外辐射探测试验

红外热像仪的热敏感度高，因此，覆岩导水裂隙渗流物理模拟红外辐射探测初次试验时，先将温度为30～40℃的热水倒入小水池中，进行尝试性试验。在覆岩内形成的导水通道上方，即在隔水层两处明显的张拉裂隙（分别在开切眼侧和停采线侧）上方，砌两个小水池；试验时安排两个人同时倒水，将水倒入小水池中，且避免人对红外热像探测试验产生影响。覆岩导水通道红外辐射探测实照如图 2-38 所示。

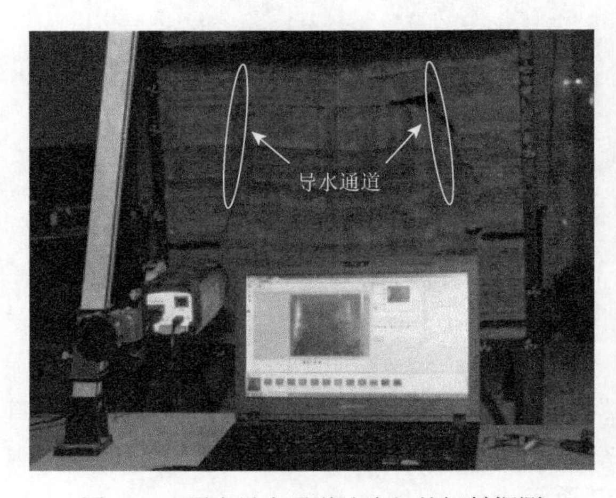

图 2-38　覆岩导水通道渗流红外辐射探测

实验结果表明，热水在开切眼侧和停采线侧的导水通道内流动时，导水通道内的温度明显比导水通道围岩内的温度高，说明红外热像探测技术能够用于探测导水通道热水渗流过程，且可识别出导水通道的位置。

2. 覆岩导水裂隙冷水渗流红外辐射探测试验

在成功进行了覆岩导水通道热水渗流红外辐射探测试验的基础上，进行了覆岩导水裂隙冷水渗流红外辐射探测试验，将冷水（自来水）倒入小水池中，探测覆岩导水裂隙渗流时的温度场分布规律，探测结果如图 2-39 所示。

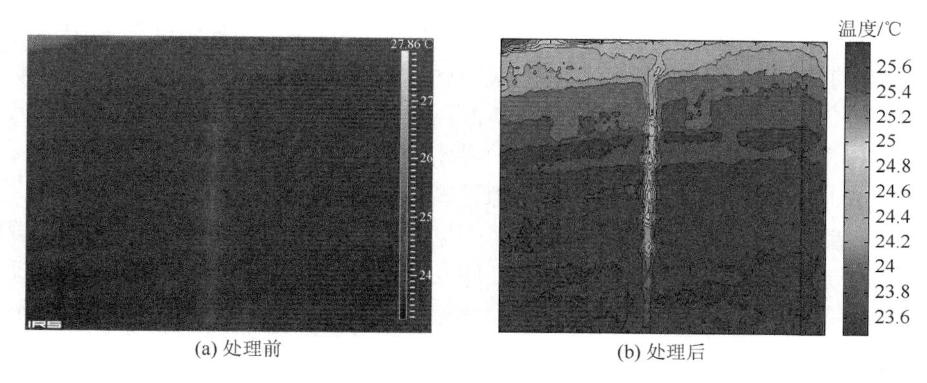

(a) 处理前 (b) 处理后

图 2-39 覆岩导水裂隙渗流红外辐射探测

实验结果表明，冷水流入覆岩导水裂隙后，覆岩导水裂隙内的温度明显比其围岩内的温度高，覆岩导水裂隙内的温度为 24.3～25℃，其围岩的温度为 22.5～24.2℃。而且根据红外辐射温度等值线分布，可识别出覆岩导水裂隙的宽度和长度，同时用游标卡尺测量了导水裂隙的尺寸，其测量结果与红外辐射探测结果保持一致，也证实了这一点。

2.8 本 章 小 结

（1）在浅埋条件下，从近距煤层下煤层开采对上煤层覆岩导水裂隙二次发育影响的角度考虑，对浅埋近距煤层和重复扰动区的定义进行了界定。以神东矿区石圪台煤矿为研究区，基于常规浅埋单一煤层的分类方法，将浅埋近距煤层分为三类。本书的后续研究工作将主要针对第Ⅰ类和第Ⅱ类浅埋近距煤层开展。

（2）研制了非亲水隔水层相似材料。从水理性和基本力学性质两个方面做了系统的研究，得出如下结论：①当沙石重量比为 5∶1～7∶1，骨胶重量比为 6∶1～8∶1，凡硅重量比为 1∶1～3∶1 时，材料满足模拟隔水层的要求，可以根据具体的隔水层性质在此范围内选取合理的配比进行模拟研究。②材料的膨胀性由石膏控制，有助于模拟隔水层产生裂隙后遇水的二次闭合；材料的塑性由凡士林控制，有助于模拟隔水层在低强度下的大变形；材料的非亲水性由硅油控制，有助于模拟隔水层的水理性。

（3）采用物理相似模拟固体实验，研究了浅埋近距煤层的覆岩导水裂隙发育规律，得出如下结论：①上煤层开采过程中，开切眼侧和停采线侧的覆岩导水裂隙发育最为显著，且随工作面的向前推进不断发育，待煤层开采后覆岩压实稳定后趋于稳定，但最终会贯通至地表；采空区中部的覆岩导水裂隙先发育后逐渐闭合，一般滞后工作面 1～2 个周期来压步距的距离。下煤层开采过程中，层间岩层导水裂隙贯通，上煤层覆岩导水裂隙会二次发育，开切眼侧和停采线侧的覆岩导水裂隙持续发育，发育程度加剧；而采空区中部的覆岩导水裂隙发育是一个动态过程，随工作面的向前推进先发育后逐渐压实闭合。②上煤层开采过程中，随基岩厚度的增大，开切眼侧和停采线侧的导水裂隙发育程度会减小；下煤层开采过程中，开切眼侧和停采线侧的导水裂隙发育程度会加剧，但随煤层间距的增大，其二次发育程度会逐渐减小。③统计了不同隔水层最大下沉值时对应的张拉裂隙宽度，建立了二者之间的量化关系式，即 $d = 0.9273\ln w + 0.7463$。④基于物理相似模拟实验位移监测方法，提出了覆岩碎胀系数计算方法，并得到了覆岩残余碎胀系数在垂直地层和平行地层方向上的分布规律。

（4）进行了固液耦合物理相似模拟实验。由于隔水层遇水膨胀性的存在，上煤层开采后，开采边界附近的隔水层裂隙能够弥合，覆岩导水裂隙不会贯通地表；下煤层开采后，开采边界附近的隔水层张拉裂隙由于隔水层的遇水膨胀性不足而无法弥合，覆岩导水裂隙会贯通地表。而采空区中部的隔水层裂隙，尽管在开采过程中渗流导水，但随工作面的向前推进，会在岩层回转挤压和隔水层遇水膨胀共同作用下弥合。

（5）提出了实验室采动覆岩裂隙的红外探测技术，即将煤岩体红外辐射探测技术引入物理相似模拟覆岩裂隙渗流试验中，探测裂隙渗流的温度场变化值，分析覆岩裂隙渗流时的红外辐射特征。根据该温度场分布特征可识别出裂隙位置及尺寸，表明煤岩体红外辐射探测技术能够用于物理相似模拟裂隙渗流探测试验研究，但该试验方法和系统仍然存在一些不足之处，需进一步完善。

3 重复扰动区覆岩渗流裂隙发育规律数值模拟

采动覆岩破断后形成裂隙网络岩体，岩块的渗透性一般都很低，渗流主要在裂隙网络中流动。渗流通过施加于裂隙壁面上的法向渗透力和切向拖曳力影响岩体的应力分布，而岩体应力通过改变裂隙张开度进而影响岩体的渗透性及渗流场分布。本章采用 UDEC 的应力-渗流耦合系统，模拟计算分析浅埋近距煤层开采过程中覆岩渗流裂隙的发育规律及渗流特征。

3.1 方案设计

UDEC 数值模拟方法将节理岩体视为由离散的岩块和岩块间的节理面组成。在其应力-渗流耦合系统中，岩块不具有渗流特性，渗流主要沿节理面流动。该软件充分考虑了渗透力和应力场与岩体裂隙生成过程的相互影响，可得到采动覆岩渗流裂隙的演化过程及分布特征[149, 150]。

根据第 2 章的 6 种物理模拟方案，建立对应的 6 种数值模拟模型。考虑边界效应，上煤层左右边界各留设 100m 煤柱，下煤层左边界留设 110m 煤柱，右边界留设 90m 煤柱。模型设计长度为 400m，上下煤层各开采 200m，先开采上煤层、再开采下煤层，每次开采 10m。方案五的 UDEC 数值模型示意图如图 3-1 所示。

依据实测的覆岩物理力学参数，对模型参数进行赋值，岩石力学参数见表 3-1，岩石节理面参数见表 3-2。边界条件为：模型左右和下部都为位移边界，且为非渗流边界。模拟固液耦合采用稳定流（SET flow steady），节理面特性采用默认设置（第二种）。设置初始孔隙压力 $P = 0.125\text{MPa}$。

3.2 覆岩渗流裂隙发育规律

根据已有研究成果可知，覆岩裂隙宽度达到 1～2mm 即可渗流。为量化分析覆岩渗流裂隙发育规律，对数值模拟结果进行后处理时，只显示裂隙宽度≥2mm 的渗流裂隙。

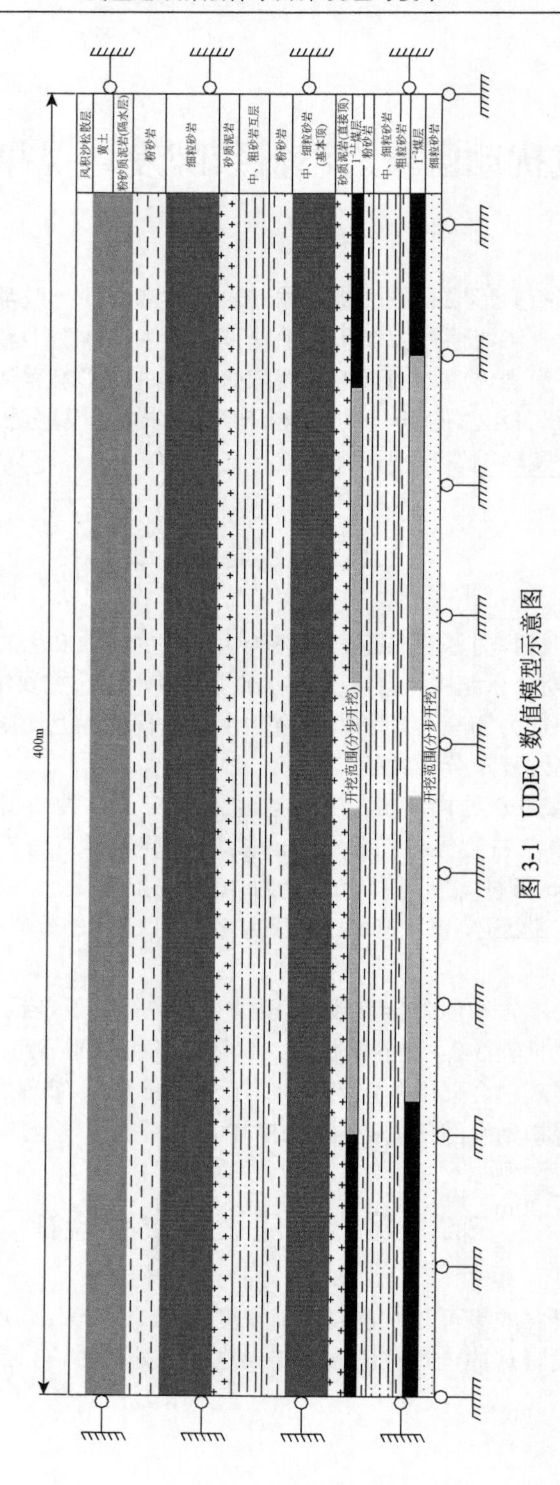

图 3-1　UDEC 数值模型示意图

表 3-1 岩石力学参数

岩层	密度 $d/(kg/m^3)$	体积模量 k/GPa	剪切模量 g/MPa	内聚力 c/MPa	内摩擦角 f/(°)	抗拉强度 σ_t/MPa
煤层	1400	2.3	2	1.25	27	0.6
粉粒砂岩	2420	30.3	13	9.6	33	6
粗粒砂岩	2480	19	12.1	4.3	32	6
中粒砂岩	2500	37.5	19.5	4.3	33	3.2
细粒砂岩	2510	40.8	20.2	4.3	33	3.2
砂质泥岩	2410	6.3	6.9	6.7	31.5	2
黄土	1720	20	14.2	3	15	4.3
松散层	2200	14	11.5	10	32	2

表 3-2 岩石节理面参数

岩层	法向刚度/MPa	切向刚度/MPa	内聚力/MPa	节理面渗透因子/$(Pa^{-1}\cdot s^{-1})$	初始隙宽/mm	残余隙宽/mm
煤层	1600	1100	0.313	166.7	0.5	0.1
粉粒砂岩	7600	5200	0.800	166.7	0.5	0.1
粗粒砂岩	7900	5600	0.688	166.7	0.5	0.1
中粒砂岩	7500	5500	0.712	166.7	0.5	0.1
细粒砂岩	8800	6600	0.690	166.7	0.5	0.1
砂质泥岩	6400	4500	0.375	101.5	0.5	0.1
黄土	9000	7900	0.311	15	0.1	0.1
松散层	2200	1300	0.100	300	3.0	0.1

3.2.1 第Ⅰ类浅埋近距煤层

1. 上煤层开采

上煤层覆岩渗流裂隙发育规律模拟结果如图 3-2 所示。

工作面推进 20m 时，基本顶初次破断，覆岩渗流裂隙发育至基本顶顶部。工作面推进 40m 时，覆岩渗流裂隙发育范围扩大，且在工作面前方上覆岩层和底板内也有少量出现。工作面推进 60m 时，覆岩渗流裂隙中垂直裂隙和水平裂隙都有，且相互连通，并与隔水层贯通。随着工作面的不断向前推进，开采侧的覆岩渗流裂隙同步向工作面前方扩展，而其后方 29m 处采空区中部的渗流裂隙逐渐闭合。当工作面推进 200m（设计推进长度）时，覆岩渗流裂隙主要集中在开切眼侧和停采线侧附近，而采空区中部的覆岩渗流裂隙部分已压实闭合。

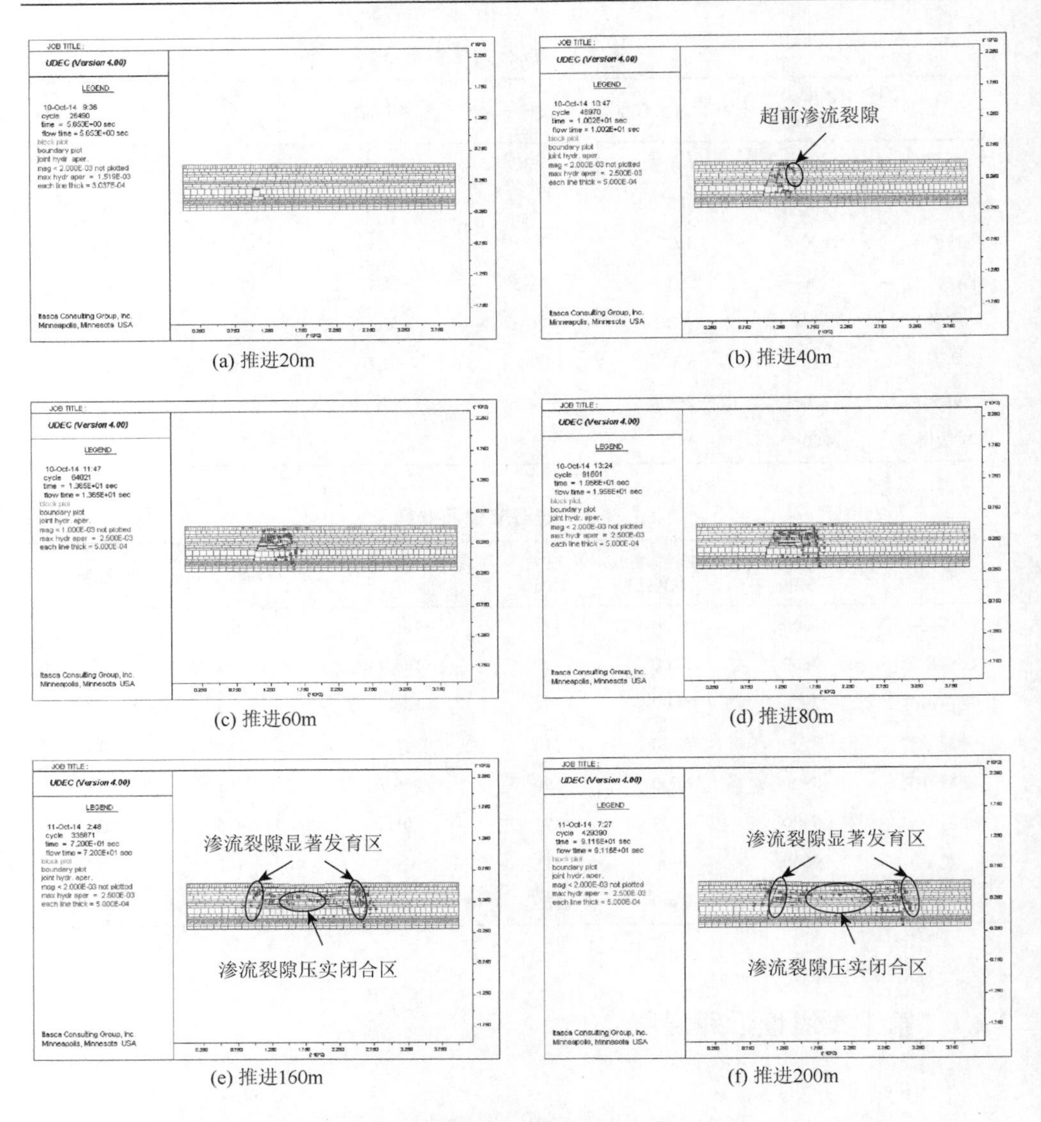

(a) 推进20m　(b) 推进40m

(c) 推进60m　(d) 推进80m

(e) 推进160m　(f) 推进200m

图 3-2　上煤层开采过程中覆岩渗流裂隙发育规律（方案一、二、三）

2. 下煤层开采

方案一的覆岩渗流裂隙发育规律模拟结果如图 3-3 所示。

分析图 3-3 可知，下煤层开采过程中，当工作面推进 40m 时，层间岩层渗流裂隙贯通，并开始对上煤层的覆岩渗流裂隙发育产生影响。当工作面推进 80m 时，由于受重复采动影响，覆岩渗流裂隙发育范围进一步扩大，且引起覆岩内原已压实闭合的渗流裂隙二次显著发育。当工作面推进 120m 时，采空区中部靠近开切眼侧的渗流裂隙部分微闭合。随着工作面的向前推进，开采侧的渗流裂隙继续向工作面前方扩展，开切眼侧的渗流裂隙持续发育，而采空区中部覆岩内的渗流裂隙压实闭合范围和程度逐渐增大。当工作面推进 200m（设计推进长度）时，开切眼侧和停采线侧的覆岩渗流裂隙最为发育，且在覆岩压实稳定后发育至最大，而采空区中部的覆岩渗流裂隙压实闭合。

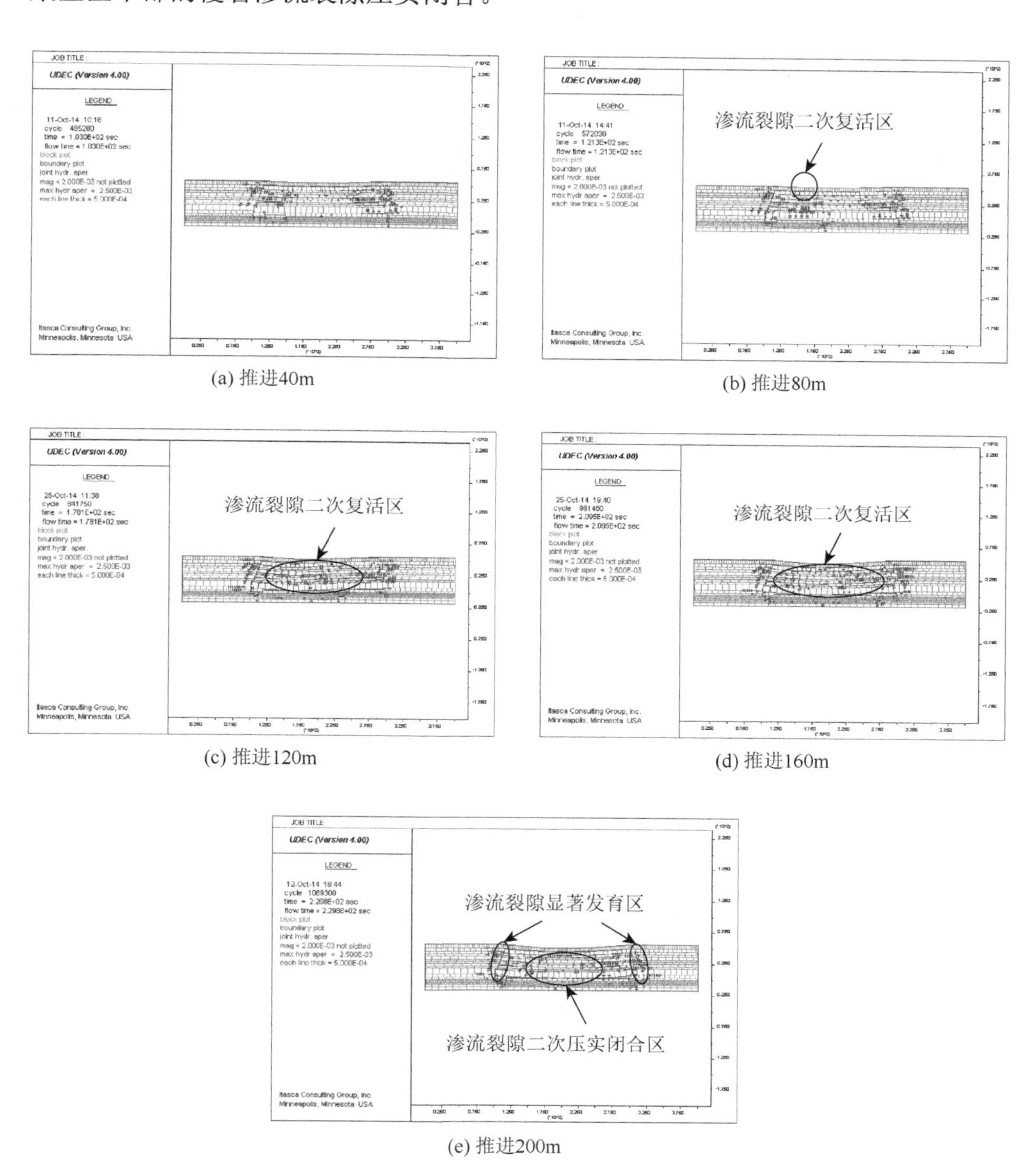

(a) 推进40m　(b) 推进80m

(c) 推进120m　(d) 推进160m

(e) 推进200m

图 3-3　下煤层开采过程中覆岩渗流裂隙发育规律（方案一）

方案二的覆岩渗流裂隙发育规律模拟结果如图 3-4 所示。

分析图 3-4 可知，下煤层开采过程中，当工作面推进 40m 时，层间岩层渗流裂隙贯通，并开始对上煤层的覆岩渗流裂隙发育产生影响。当工作面推进 80m 时，由于受重复采动影响，覆岩渗流裂隙发育范围进一步扩大，且引起覆岩内已压实闭合的渗流裂隙二次显著发育。当工作面推进 120m 时，采空区中部靠近开切眼

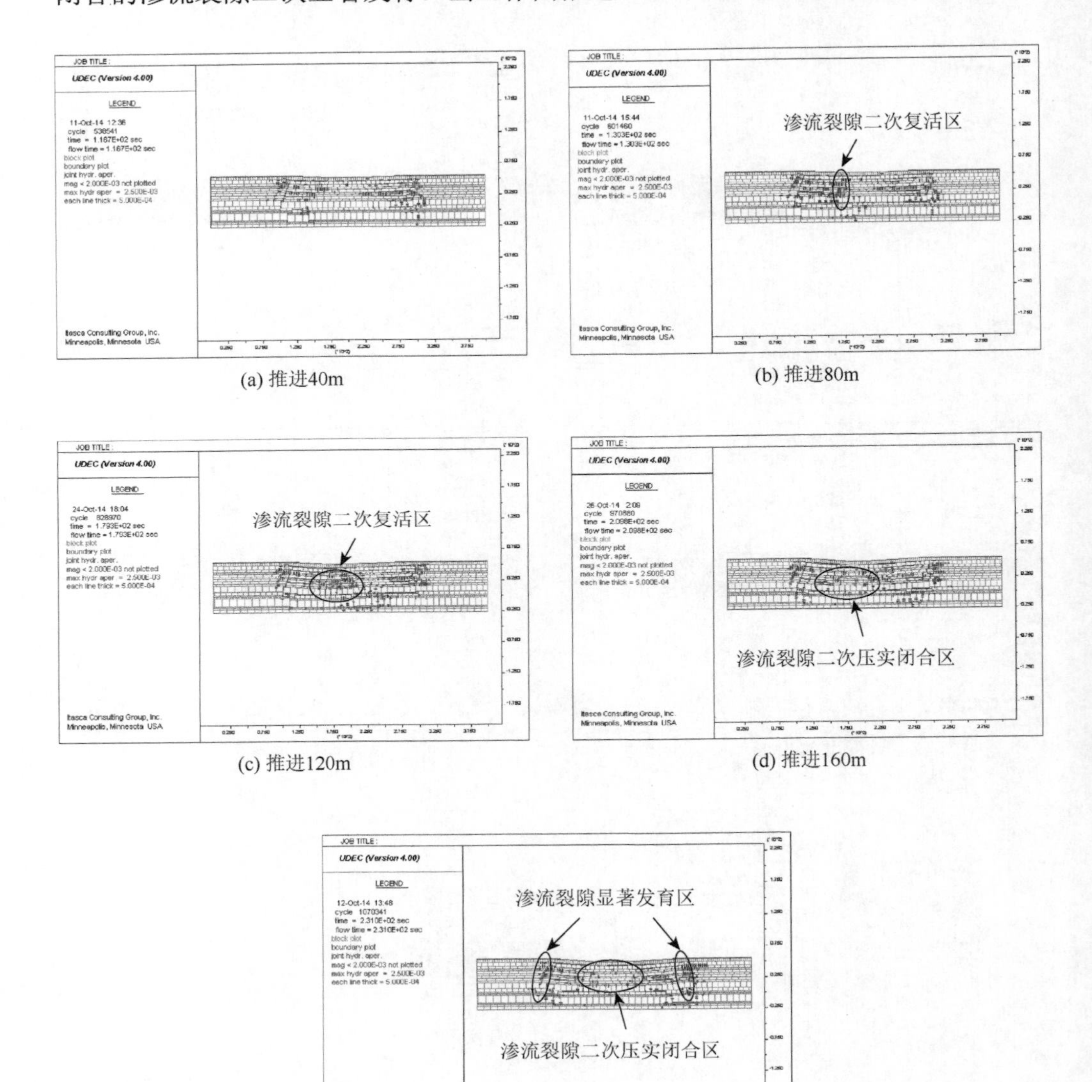

图 3-4 下煤层开采过程中覆岩渗流裂隙发育规律（方案二）

侧的渗流裂隙部分微闭合。随着工作面的继续推进，开采侧的渗流裂隙继续向工作面前方扩展，开切眼侧的渗流裂隙持续发育，而采空区中部覆岩内的渗流裂隙压实闭合范围和程度逐渐增大。当工作面推进200m（设计推进长度）时，开切眼侧和停采线侧的采动覆岩渗流裂隙最为发育，且当覆岩压实稳定后发育至最大，而采空区中部的覆岩渗流裂隙压实闭合。

方案三的覆岩渗流裂隙发育规律模拟结果如图3-5所示。

分析图3-5可知，下煤层开采过程中，当工作面推进40m时，层间岩层渗流裂隙贯通，并开始对上煤层的覆岩渗流裂隙发育产生影响。当工作面推进80m时，由于受重复采动影响，覆岩渗流裂隙范围进一步扩大，且引起覆岩内已压实闭合的渗流裂隙二次显著发育。当工作面推进120m时，在开切眼侧和开采侧覆岩渗流裂隙持续发育的同时，开采侧后方31m处采空区中部的渗流裂隙部分微闭合。随着工作面的继续推进，开采侧的渗流裂隙继续向工作面前方扩展，开切眼侧的渗流裂隙持续发育，而采空区中部覆岩内的渗流裂隙压实闭合范围和程度逐渐增大。当工作面推进200m（设计推进长度）时，开切眼侧和停采线侧的覆岩渗流裂隙最为发育，且当覆岩压实稳定后发育至最大，而采空区中部的覆岩渗流裂隙压实闭合。

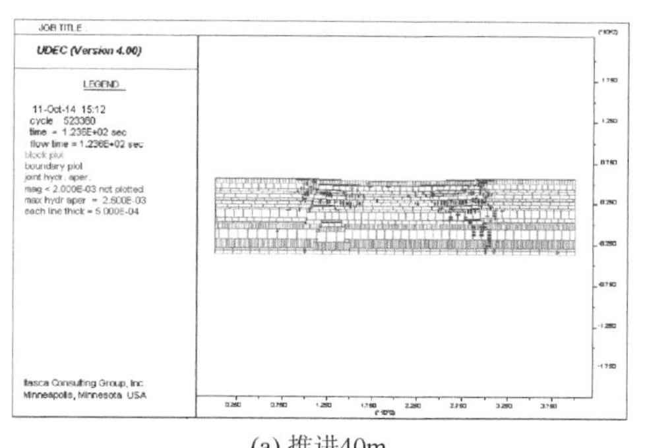

(a) 推进40m

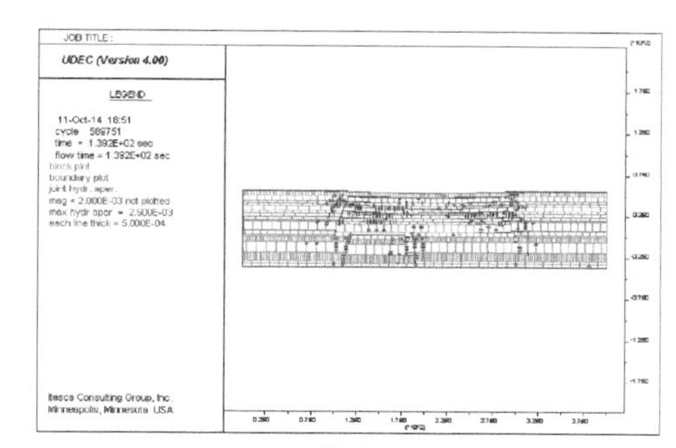

(b) 推进80m

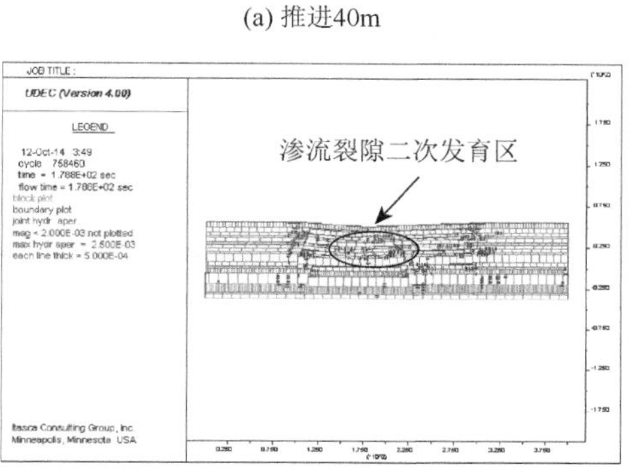

(c) 推进120m

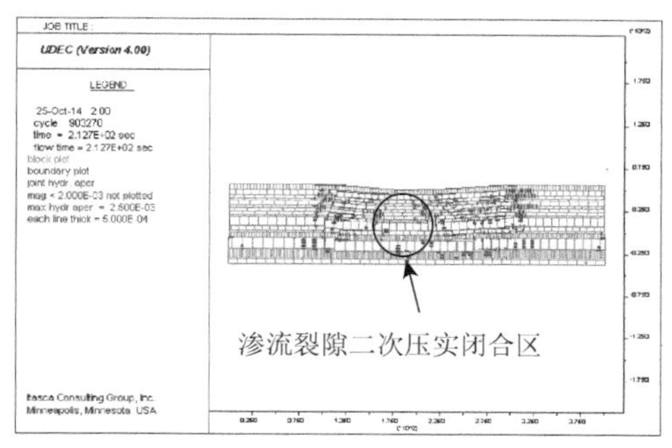

(d) 推进160m

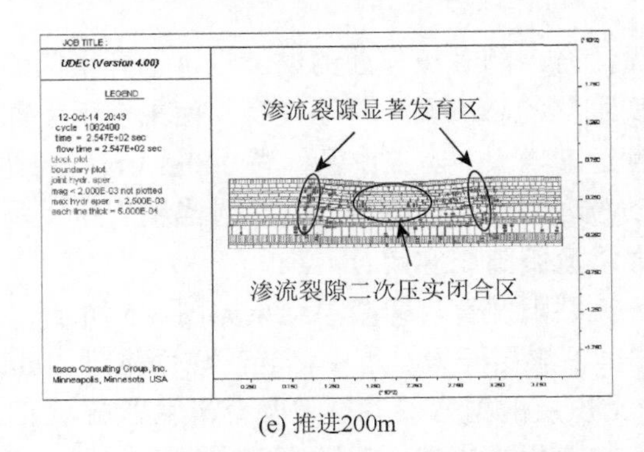

(e) 推进200m

图 3-5　下煤层开采过程中覆岩渗流裂隙发育规律（方案三）

3.2.2　第Ⅱ类浅埋近距煤层

1. 上煤层开采

上煤层覆岩渗流裂隙发育规律模拟结果（方案四）如图 3-6 所示。

分析图 3-6 可知，工作面推进 40m 时，覆岩渗流裂隙发育至基本顶顶部。工作面推进 60m 时，覆岩渗流裂隙向工作面前方扩展，且底板内也有渗流裂隙。工

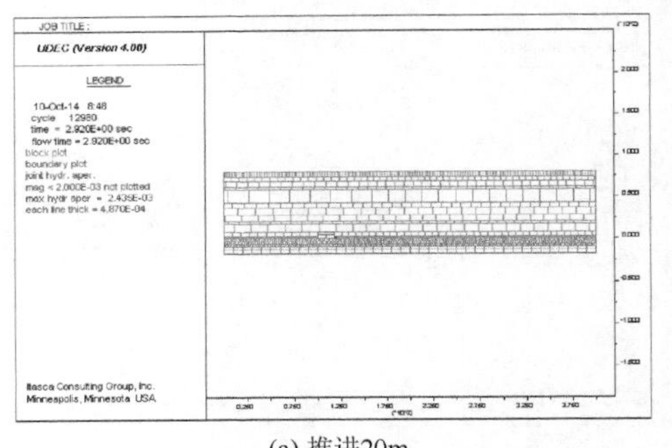

(a) 推进20m

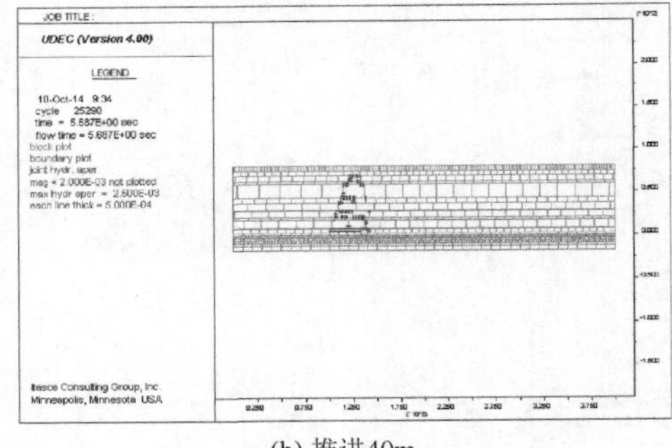

(b) 推进40m

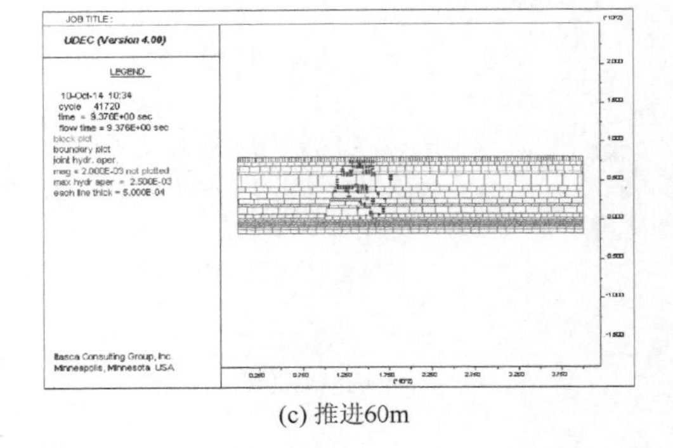

(c) 推进60m

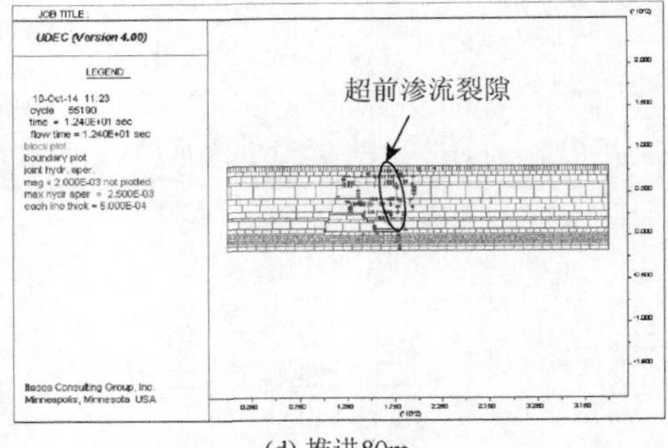

(d) 推进80m

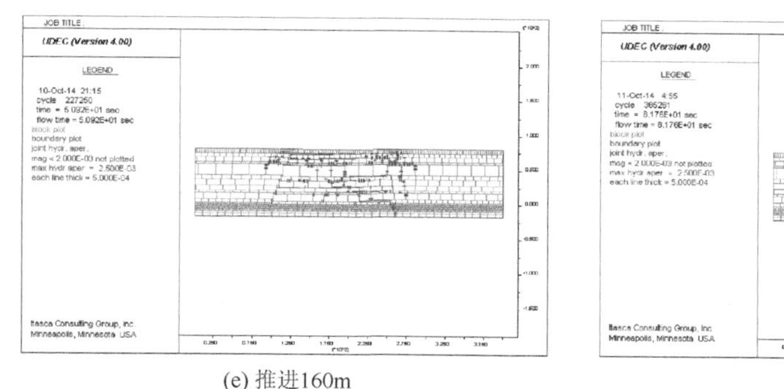

(e) 推进160m

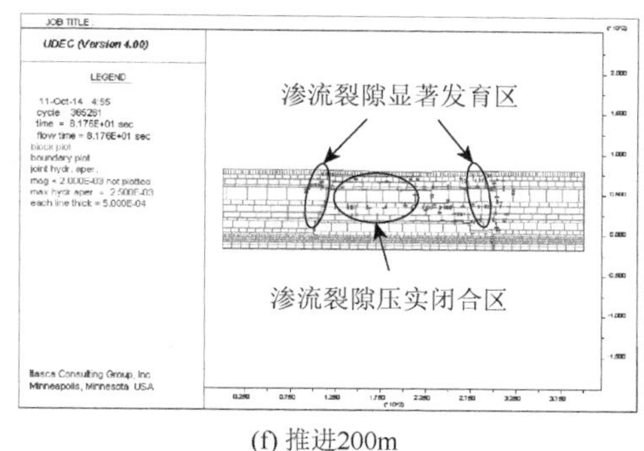

(f) 推进200m

图 3-6　上煤层开采过程中覆岩渗流裂隙发育规律（方案四）

作面推进 80m 时，厚硬岩层破断，覆岩渗流裂隙发育范围进一步扩大，垂直裂隙和水平裂隙相互连通，且与隔水层贯通。随着工作面的不断向前推进，开采侧的覆岩渗流裂隙同步向工作面前方发育，其后方 26m 处采空区中部的覆岩渗流裂隙逐渐闭合。当工作面推进 200m（设计推进长度）时，覆岩渗流裂隙主要集中在开切眼侧和停采线侧的覆岩内，而采空区中部的覆岩渗流裂隙部分已闭合。

2. 下煤层开采

下煤层覆岩渗流裂隙发育规律模拟结果（方案四）如图 3-7 所示。

分析图 3-7 可知，下煤层开采过程中，工作面推进 40m 时，层间岩层渗流裂隙贯通，并引起上煤层覆岩渗流裂隙发育。当工作面推进 80m 时，由于受重复采动影响，层间岩层渗流裂隙进一步发育，且引起覆岩内已压实闭合的渗流裂隙二次发育，贯通隔水层，发育至地表。随着工作面的向前推进，覆岩渗流裂隙不断向工作面前方扩展，而其后方采空区中部覆岩内的渗流裂隙有闭合趋势，但不易闭合。当工作面推进 200m（设计推进长度）时，开切眼侧和停采线侧的覆岩渗流裂隙发育程度达到最大，而采空区中部的渗流裂隙微闭合。

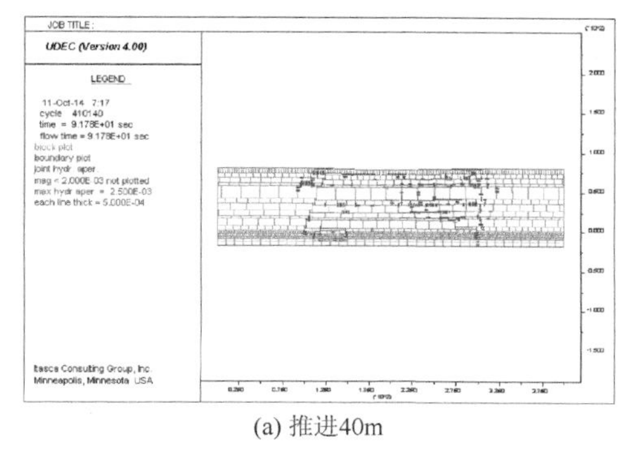

(a) 推进40m

渗流裂隙二次复活区

(b) 推进80m

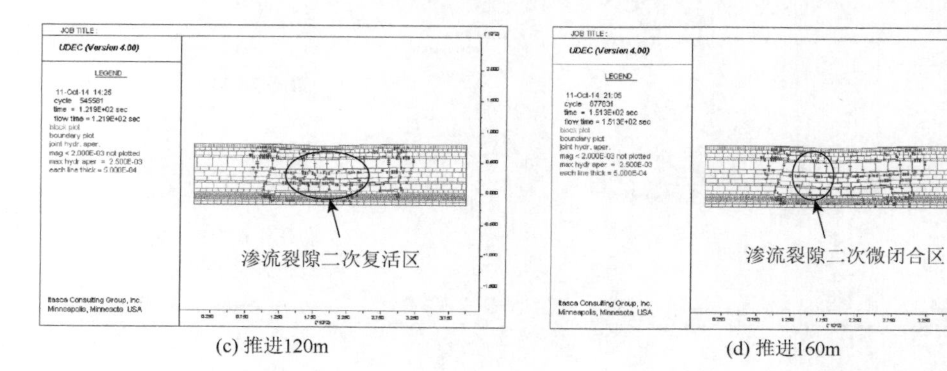

(c) 推进120m　　(d) 推进160m

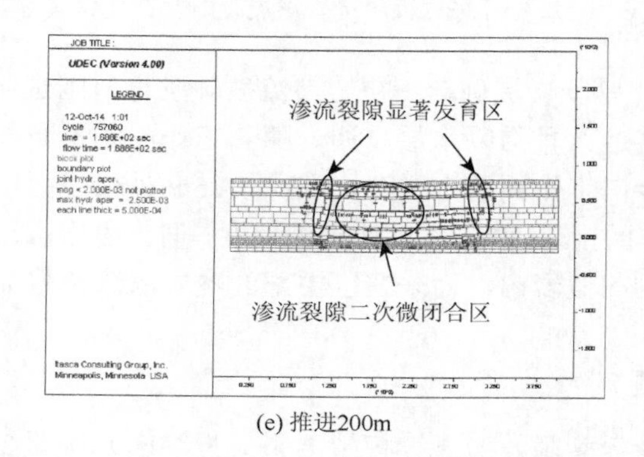

(e) 推进200m

图 3-7　下煤层开采过程中覆岩渗流裂隙发育规律（方案四）

下煤层覆岩渗流裂隙发育规律模拟结果（方案五）如图 3-8 所示。

分析图 3-8 可知，下煤层开采过程中，工作面推进 40m 时，层间岩层渗流裂隙贯通，并开始对上煤层的覆岩渗流裂隙发育产生影响。当工作面推进 80m 时，

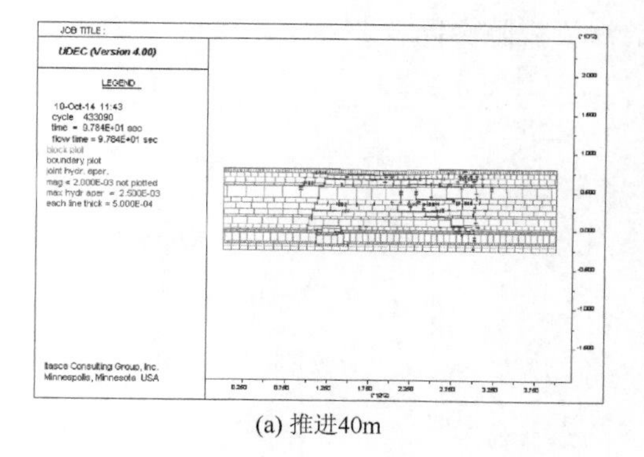

(a) 推进40m

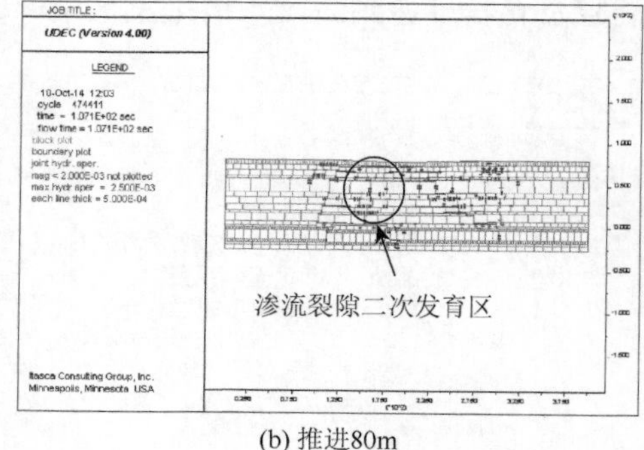

(b) 推进80m

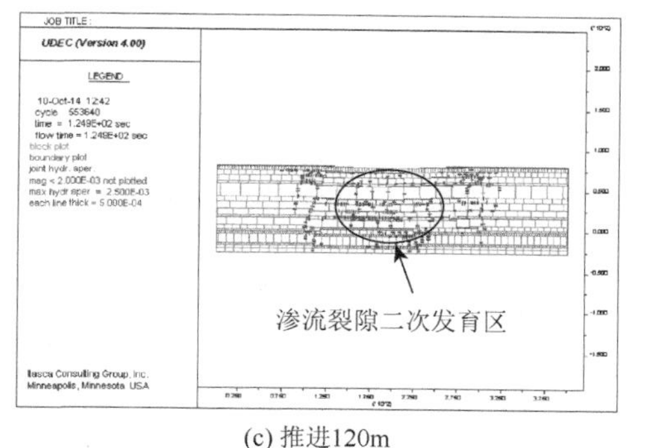

(c) 推进120m

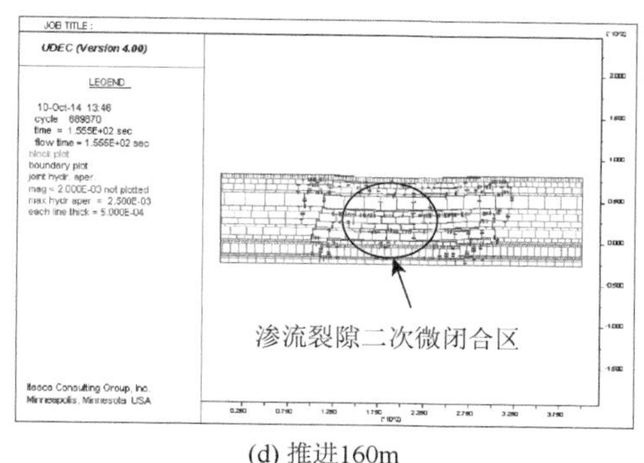

(d) 推进160m

(e) 推进200m

图 3-8　下煤层开采过程中覆岩渗流裂隙发育规律（方案五）

由于受重复采动影响，覆岩渗流裂隙发育范围进一步扩大，且引起上煤层覆岩内已压实闭合的渗流裂隙二次显著发育。当工作面推进 120m 时，采空区中部靠近开切眼侧的渗流裂隙部分微闭合。随着工作面的向前推进，开采侧的渗流裂隙继续向工作面前方扩展，开切眼侧的渗流裂隙持续发育，而采空区中部覆岩内的渗流裂隙压实闭合范围和程度逐渐增大。当工作面推进 200m（设计推进长度）时，开切眼侧和停采线侧的覆岩渗流裂隙最为发育，且当覆岩压实稳定后发育至最大，而采空区中部的覆岩渗流裂隙压实闭合。

下煤层覆岩渗流裂隙发育规律模拟结果（方案六）如图 3-9 所示。

分析图 3-9 可知，下煤层开采过程中，工作面推进 40m 时，层间岩层渗流裂隙贯通，并对上煤层的覆岩渗流裂隙产生影响。当工作面推进 80m 时，覆岩渗流裂隙发育范围进一步扩大，且引起覆岩内已压实闭合的渗流裂隙二次显著发育。当工作面推进 120m 时，在开切眼侧和开采侧覆岩渗流裂隙不断发育的同时，开采侧后方 33m 处采空区中部的渗流裂隙部分微闭合。随着工作面向前推进，开采侧的渗流裂隙继续向工作面前方扩展，开切眼侧的渗流裂隙持续发育，而采空区中部的覆岩渗流裂隙压实闭合范围和程度逐渐增大。当工作面推进 200m 时，开切眼侧和停采线侧的覆岩渗流裂隙最为发育，且在覆岩压实稳定后发育至最大，而采空区中部的覆岩渗流裂隙压实闭合。

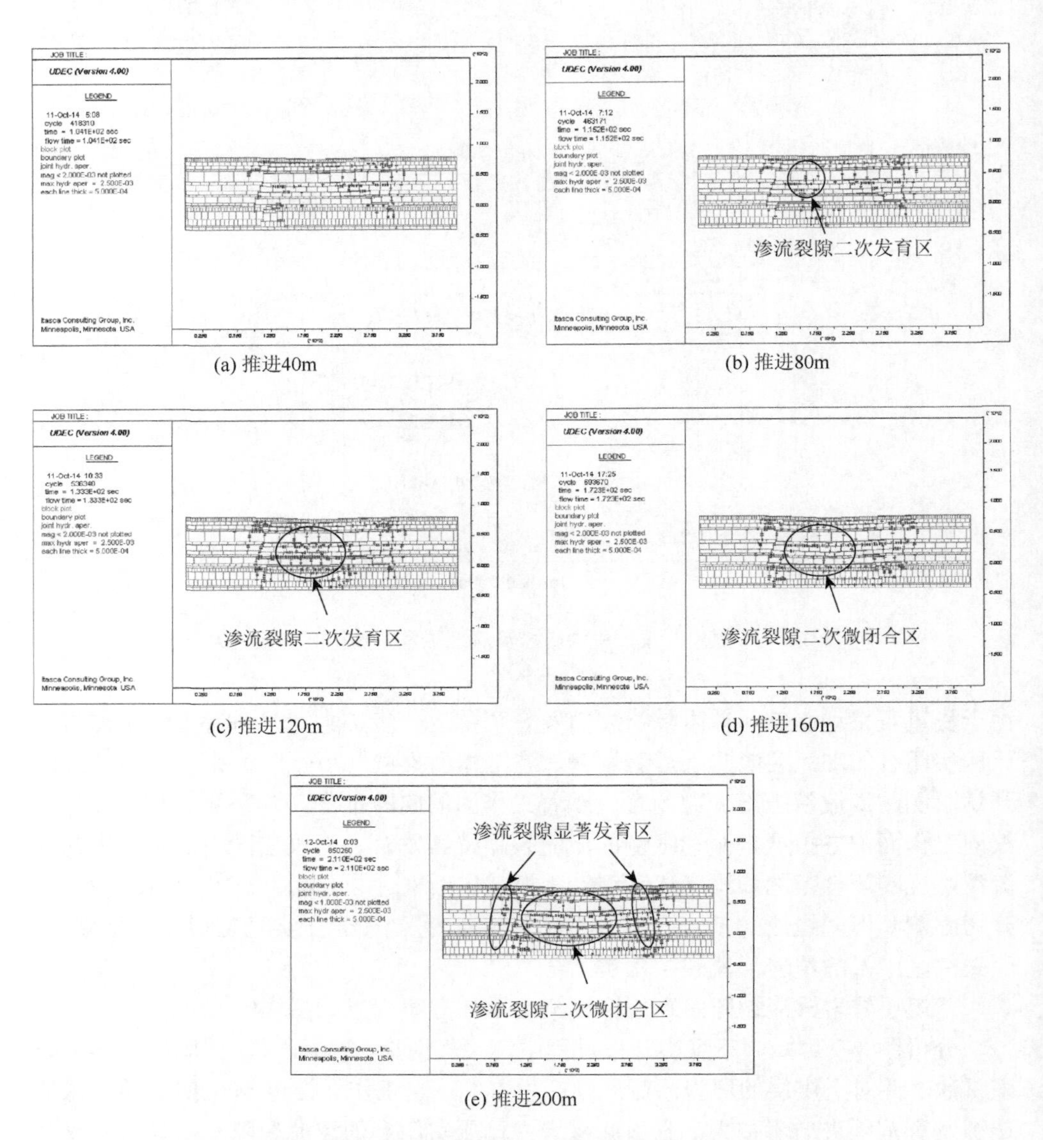

(a) 推进40m (b) 推进80m

(c) 推进120m (d) 推进160m

(e) 推进200m

图 3-9 下煤层开采过程中覆岩渗流裂隙发育规律（方案六）

总之，实验表明：①不同煤层间距条件下，覆岩渗流裂隙的发育规律相似；

②浅埋近距煤层下煤层开采后，开切眼侧和停采线侧的覆岩渗流裂隙都会二次发育，并贯通至地表，导致水资源流失；而采空区中部的覆岩渗流裂隙二次发育后能够闭合或微闭合，但由于受厚硬岩层的影响不易压实闭合；③煤层间距对重复扰动区覆岩渗流裂隙二次发育影响显著，随煤层间距的增大，上煤层覆岩层的有效下沉空间高度逐渐减小，破断岩块回转角度变小，致使覆岩渗流裂隙二次发育程度和范围都有所减小。

3.3 覆岩渗流裂隙孔隙压力及渗流速度变化规律

由立方定律可知，裂隙宽度的微小变化会引起渗透性的巨大改变，另外，孔隙水压力也与裂隙宽度密切相关[151-154]。因此，在 UDEC 固液耦合数值模拟方法中，可根据孔隙压力和渗流速度变化特征，分析覆岩渗流裂隙宽度变化规律，进而得到浅埋近距煤层重复扰动区覆岩渗流裂隙的发育及渗流规律。

在隔水层中（开采边界和采空区中部）布置两个监测点，每个监测点同时监测孔隙压力和渗流速度变化。

3.3.1 开采边界

（1）上煤层开采过程中，开切眼侧的覆岩渗流裂隙孔隙压力先由 0MPa 急速增大到最大值 0.93MPa，而之后会随着工作面的向前推进逐渐变小，当上煤层开采结束后，其孔隙压力减小到 0.84MPa。另外，由渗流速度变化曲线分析得出，孔隙压力与渗流速度呈反比关系，孔隙压力大，渗流速度小，反之，孔隙压力小，渗流速度大，上煤层开采结束后，开切眼侧的渗流速度达到最大。综合分析，在覆岩自重和孔隙水压力作用下，开切眼侧的覆岩渗流裂隙宽度先变小，后逐渐变大，当上煤层开采结束后达到最大。

（2）下煤层开采过程中，开切眼侧的覆岩渗流裂隙孔隙压力逐渐变小，在下煤层开采结束后减小到 0.8MPa；而其渗流速度逐渐变大，当下煤层开采结束后达到最大值，说明浅埋近距煤层下煤层开采过程中开切眼侧的覆岩渗流裂隙宽度逐渐增大，当下煤层开采结束后达到最大。

上煤层和下煤层开采过程中，开切眼侧的覆岩渗流裂隙孔隙压力和渗流速度变化曲线分别如图 3-10 和图 3-11 所示。

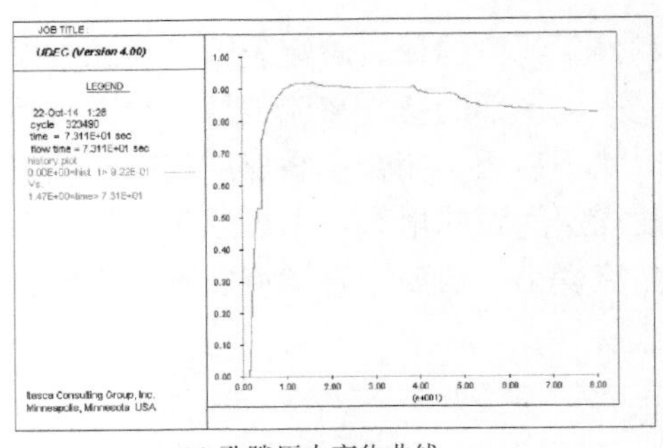

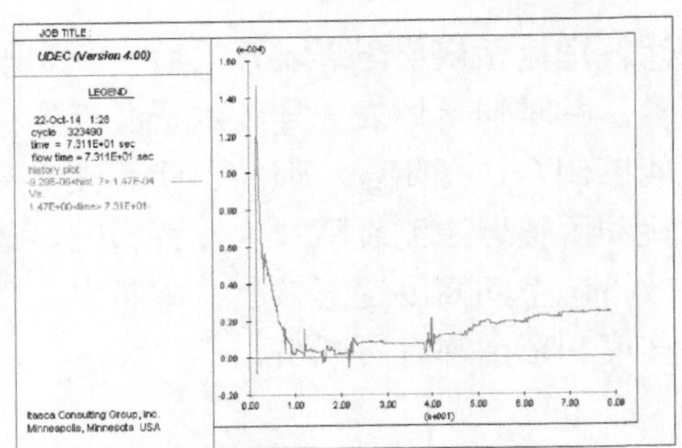

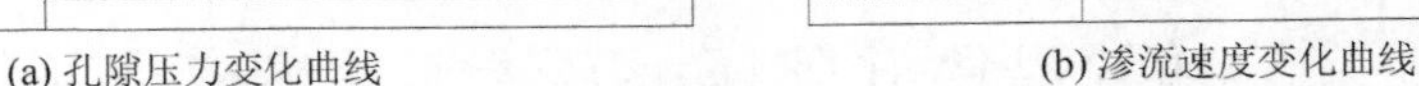

(a) 孔隙压力变化曲线　　(b) 渗流速度变化曲线

图 3-10　上煤层开采过程中的覆岩渗流裂隙孔隙压力和渗流速度变化曲线（开切眼侧）

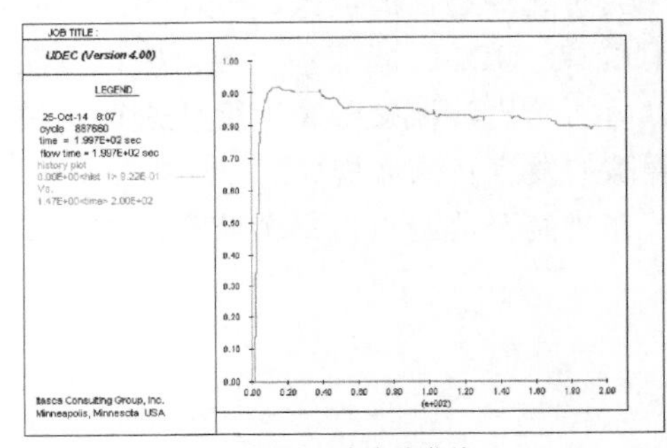

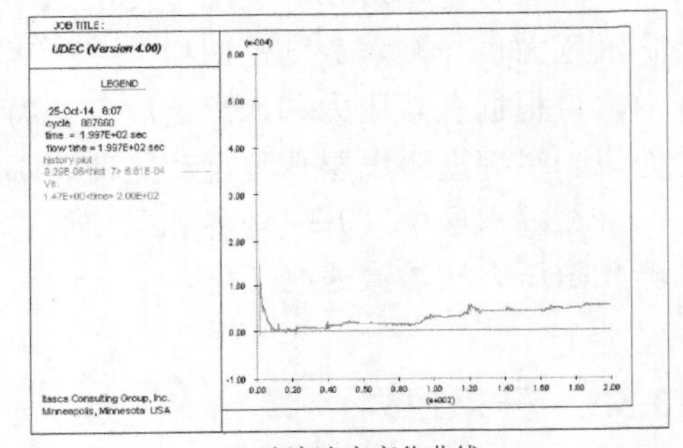

(a) 孔隙压力变化曲线　　(b) 渗流速度变化曲线

图 3-11　下煤层开采过程中的覆岩渗流裂隙孔隙压力和渗流速度变化曲线（开切眼侧）

3.3.2　采空区中部

（1）上煤层开采过程中，采空区中部的覆岩渗流裂隙孔隙压力由 0MPa 急速增大到最大值 0.92MPa，渗流裂隙压实闭合。随着工作面的推进，孔隙压力逐渐变小，渗流速度缓慢增大，渗流裂隙宽度变大。当工作面推进至监测点附近时，上覆岩层破断，采空区中部的孔隙压力急剧下降到 0.8MPa，渗流速度急剧增大，渗流裂隙渗流导水。工作面继续推进，采空区中部的覆岩渗流裂隙孔隙压力逐渐增大，渗流速度逐渐减小，渗流裂隙逐渐闭合。

（2）下煤层开采过程中，采空区中部的覆岩渗流裂隙孔隙压力逐渐减小，渗流速度逐渐增大，渗流裂隙宽度持续增大，当工作面再次推进至监测点附近时，采空区中部的覆岩孔隙压力急速减小为 0.4MPa，渗流速度急剧增大，说明破断岩块二次回转失稳，渗流裂隙二次发育。随着工作面的推进，采空区中部的覆岩渗流裂隙孔隙压力又急速增大为 0.76MPa，渗流速度再次急剧减小，渗流裂隙宽度变小。之后，孔隙压力再次缓慢增大，渗流速度再次缓慢减小，渗流裂隙逐渐压实闭合。

上煤层和下煤层开采过程中，采空区中部的覆岩渗流裂隙孔隙压力和渗流速度变化曲线分别如图 3-12 和图 3-13 所示。

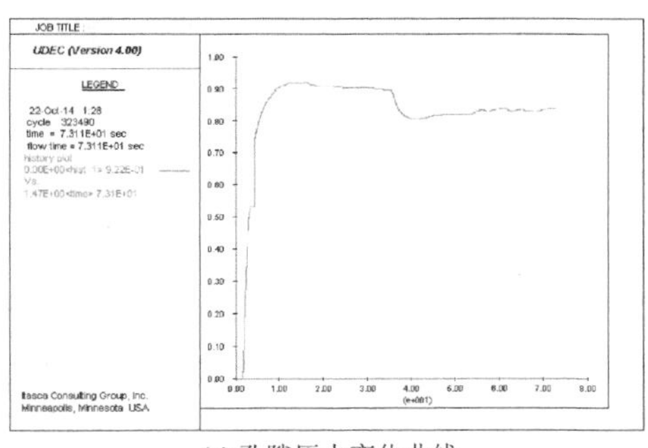

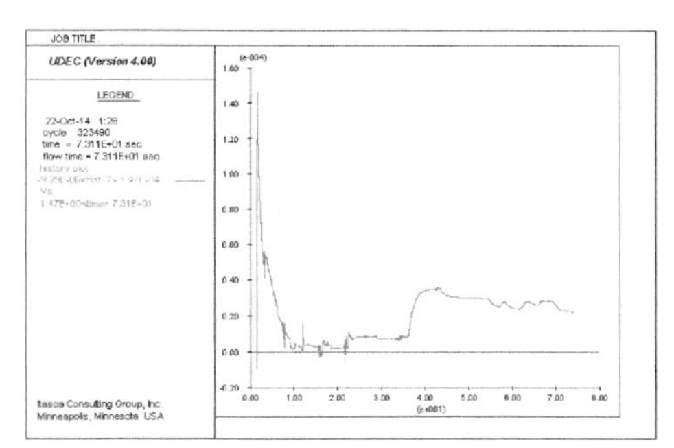

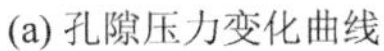
(a) 孔隙压力变化曲线　　(b) 渗流速度变化曲线

图 3-12　上煤层开采过程中的覆岩渗流裂隙孔隙压力和渗流速度变化曲线（采空区中部）

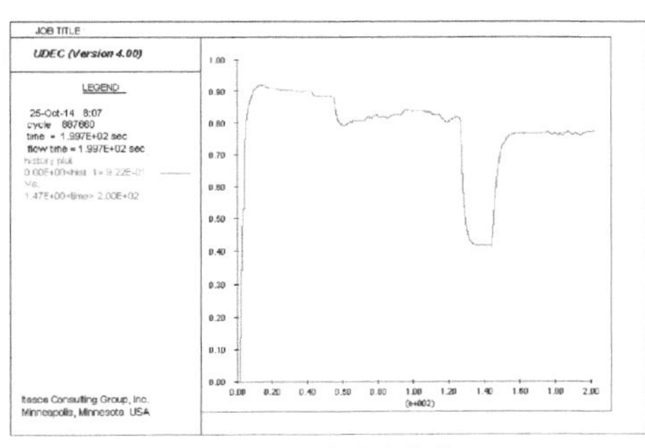

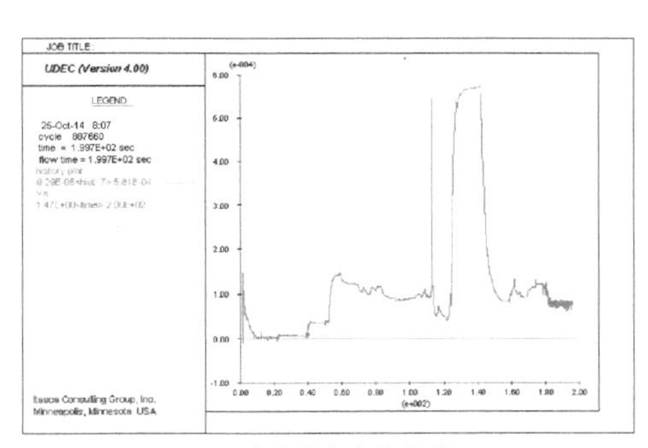

(b) 孔隙压力变化曲线　　(b) 渗流速度变化曲线

图 3-13　下煤层开采过程中的覆岩渗流裂隙孔隙压力和渗流速度变化曲线（采空区中部）

3.4　本 章 小 结

为了弄清重复扰动区覆岩渗流裂隙发育规律，以神东矿区石圪台煤矿浅埋近距煤层开采为工程背景，采用 UDEC 数值模拟方法，应用其应力-渗流耦合系统，模拟计算分析了浅埋近距煤层开采过程中覆岩渗流裂隙的发育规律和孔隙压力及渗流速度变化规律。研究得出如下结论。

（1）第 I 类和第 II 类浅埋近距煤层的渗流裂隙发育规律具有共同点，即上煤层开采过程中，覆岩渗流裂隙不断发育，开切眼侧和停采线侧的渗流裂隙宽度逐渐增大，而采空区中部的覆岩渗流裂隙宽度先增大后减小。下煤层开采过程中，层间岩层渗流裂隙贯通，且上煤层开采后覆岩内已压实闭合的渗流裂隙由于受重复采动影响会二次发育，开切眼侧和停采线侧的覆岩渗流裂隙宽度持续增大，而采空区中部的覆岩渗流裂隙宽度二次增大后依然会减小。

（2）在采空区中部，第Ⅰ类浅埋近距煤层的覆岩渗流裂隙能够闭合，但第Ⅱ类浅埋近距煤层的覆岩渗流裂隙不易闭合，这是因为第Ⅱ类浅埋近距煤层覆岩中存在厚硬岩层，岩层破断岩块较大，且在相同外荷载条件下，不易被挤压压实。

（3）煤层间距对重复扰动区覆岩渗流裂隙二次发育影响显著。随煤层间距的增大，上煤层覆岩层的有效下沉空间高度逐渐减小，破断岩块回转角度变小，致使覆岩渗流裂隙二次发育程度和范围都有所减小。

（4）浅埋近距煤层开采过程中，开采边界附近的覆岩渗流裂隙孔隙压力逐渐变小，渗流速度逐渐增大，说明开采边界附近的覆岩渗流裂隙不断发育，最后趋于稳定。采空区中部的覆岩渗流裂隙孔隙压力经历了变小—变大—二次变小—二次变大的过程，而其渗流速度经历了变大—变小—二次变大—二次变小的过程，说明浅埋近距煤层开采过程中，采空区中部的覆岩渗流裂隙先张开，后闭合，然后二次张开，最终二次闭合。

4　重复扰动区覆岩导水裂隙发育机理

覆岩导水裂隙发育与覆岩移动破坏密切相关。建立覆岩力学模型，研究浅埋近距煤层开采过程中覆岩移动及破断特征，并考虑隔水层的遇水膨胀性，在分析其弥合机理的基础上，揭示重复扰动区覆岩导水裂隙发育机理。

4.1　覆岩移动及破坏形式

煤层开采后原始应力平衡状态被打破，岩层不断向采空区移动、变形破坏。覆岩移动及破坏形式分为两类：弯拉破坏和剪切滑移破坏[155]。

1. 弯拉破坏

对于硬岩层，随着工作面的向前推进，岩层在其自重荷载和上覆岩层荷载作用下不断弯曲下沉，且端部和中部开裂，当岩层内最大拉应力 σ_{tmax} 超过其容许抗拉强度$[\sigma_t]$时，即发生弯拉破坏，其过程示意如图 4-1 所示。对于软岩层，随着工作面的向前推进，岩层在其自重荷载和上覆岩层荷载作用下，不断弯曲，当岩层内最大拉伸变形值超过其容许拉伸变形值时，即发生弯拉破坏。这种破坏形式可解释采动覆岩断裂带岩层初次破断和弯曲下沉带岩层弯曲拉伸形成张拉裂隙的现象。

(a) 弯曲

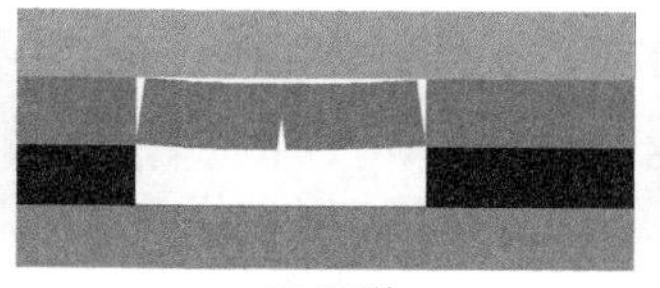
(b) 开裂

(c) 破断

图 4-1　岩层弯拉破坏过程

2. 剪切滑移破坏

剪切滑移破坏形式可分为两种。一种是针对完整岩层，由于岩层自身强度较大，弯曲下沉小（开裂很小），当岩层内的最大剪应力超过其容许抗剪强度时，会发生整层剪切破坏，其过程示意如图 4-2 所示，这种破坏形式会引发重大冒顶事故和明显的冲击矿压现象。另一种是针对已发生弯拉破坏形成“砌体梁”结构的岩层，当“砌体梁”块体铰接处的剪切力大于摩擦力f时，会发生剪切滑移破坏，其过程示意如图 4-3 所示，这种破坏形式可解释覆岩垮落带的形成机理和近距煤层重复采动时稳定“砌体梁”结构失稳机理。

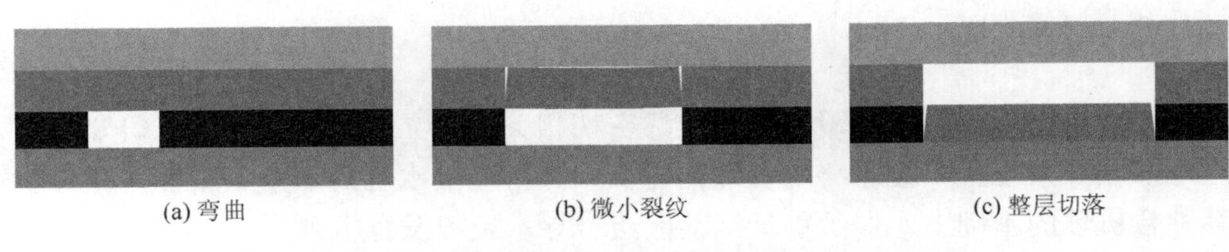

(a) 弯曲　(b) 微小裂纹　(c) 整层切落

图 4-2　岩层整层剪切滑移破坏过程

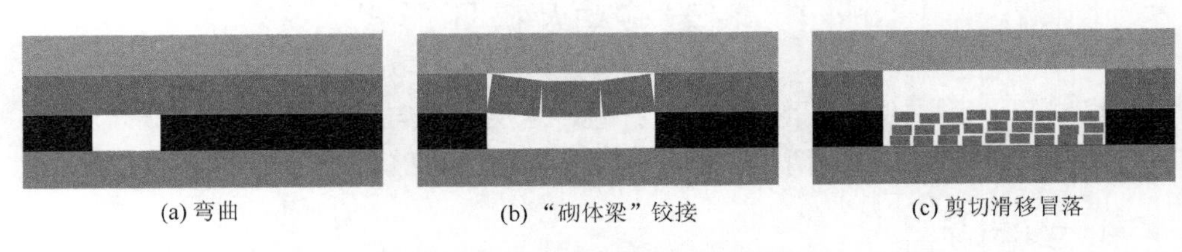

(a) 弯曲　(b) “砌体梁”铰接　(c) 剪切滑移冒落

图 4-3　岩块剪切滑移破坏过程

4.2　覆岩破坏特点分析

4.2.1　岩层所受荷载

1. 上煤层上覆岩层所受荷载

根据覆岩结构特征及受力特点，可将其简化为梁模型。岩层自重荷载和邻近岩层相互作用产生的荷载组成了采动覆岩中任一岩层所受荷载，为便于计算分析，将该荷载视为均布荷载。假设采动覆岩中第i层岩层控制着其上方的n层岩层，则第i层与其上方的n层岩层同步变形。根据组合梁原理确定的第i层岩层所受荷载[134]，即

$$(q_{n+i})_i = \frac{E_i h_i^3(\gamma_i h_i + \gamma_{i+1} h_{i+1} + \cdots + \gamma_{n+i} h_{n+i})}{E_i h_i^3 + E_{i+1} h_{i+1}^3 + \cdots + E_{n+i} h_{n+i}^3} \tag{4-1}$$

式中，$(q_{n+i})_i$为考虑n层岩层对第i层影响时的荷载，MPa；E_{n+i}为第$n+i$层的弹性模量，MPa；h_{n+i}为第$n+i$层岩层的厚度，m；γ_{n+i}为第$n+i$层岩层的容重，MN/m^3。

式（4-1）为采动覆岩中任一岩层所受荷载的计算公式。以第 1 层岩层为例，来说明其所受荷载计算方法。

（1）计算第 1 层的自重荷载，即$q_1 = E_1\gamma_1$。

（2）考虑到第 2 层岩层对第 1 层岩层的作用，则 $(q_2)_1 = E_1h_1^3\left(\dfrac{\gamma_1h_1+\gamma_2h_2}{E_1h_1^3+E_2h_2^3}\right)$。

（3）考虑到第 j 层岩层对第 1 层岩层的作用，则

$$(q_j)_1 = E_1h_1^3\left(\frac{\gamma_1h_1+\gamma_2h_2+\cdots+\gamma_jh_j}{E_1h_1^3+E_2h_2^3+\cdots+E_jh_j^3}\right)$$

（4）如果 $q_1 > (q_2)_1$，说明第 2 层岩层对第 1 层岩层不起作用，则第 1 层岩层所受荷载为 q_1（自重荷载）。如果 $q_1 < (q_2)_1$，对比 $(q_2)_1$、$(q_3)_1$，如果 $(q_2)_1 < (q_3)_1$，继续逐个两两对比，当 $(q_{j-1})_1 > (q_j)_1$ 时，第 1 层岩层所受荷载为 $(q_{j-1})_1$。

（5）根据第（3）步中的岩层所受荷载计算方法，可得到采动覆岩中所有岩层所受的荷载。

2. *下煤层开采时层间岩层所受荷载*

对于浅埋近距煤层，上煤层开采后，其上覆岩层破断，相互挤压铰接，处于暂时的稳定状态，下煤层开采时，该稳定状态很难维持，但具有很好的压力传递性能，可认为下煤层开采时，上煤层覆岩自重荷载全部施加在层间岩层上。层间岩层所受荷载按式（4-2）进行计算。

假设上煤层覆岩有 n 层岩层，层间岩层有 m 层，则层间第 j 层岩层所受荷载为

$$q_j = \sum_{i=1}^{n}\gamma_ih_i + \sum_{j=1}^{m}\gamma_jh_j \tag{4-2}$$

4.2.2　岩层破断步距

软硬岩层的破坏形式和破坏条件不同。对于硬岩层，采用应力分析法分析其破断步距；对于软岩层，采用应变分析法分析其发生拉伸破坏时的极限跨度。

1. *硬岩层初次破断步距*

目前，理论分析研究岩层破断步距的力学模型主要包括应用材料力学理论建立的固支梁（或简支梁或悬臂梁），或结合土力学理论建立的弹性地基梁和应用弹性力学建立的弹性薄板[156, 157]。考虑了垫层作用后，建立弹性地基梁计算岩层破断步距的公式会变得复杂。而应用固支梁或悬臂梁计算模型相对简单，且能够用于指导现场工程实践，固支梁简化力学模型如图 4-4 所示[158]。

当岩层中的最大拉应力达到该处的抗拉强度极限 $[\sigma_t]$ 时，会发生初次破断。因此，岩层的初次破断步距为[134]

$$L_{cd}=h\sqrt{\frac{2[\sigma_t]}{q}} \tag{4-3}$$

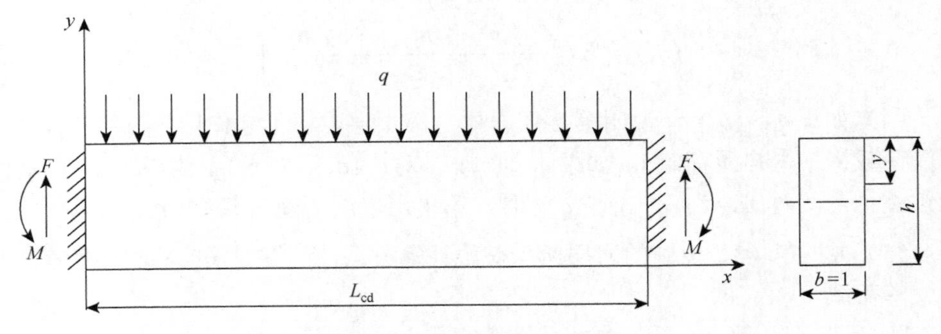

图 4-4　岩梁固支梁力学模型

2. *硬岩层周期破断步距*

不考虑岩块间的挤压力，对于岩梁周期破断可简化的悬臂梁，其受力模型如图 4-5 所示[134]。

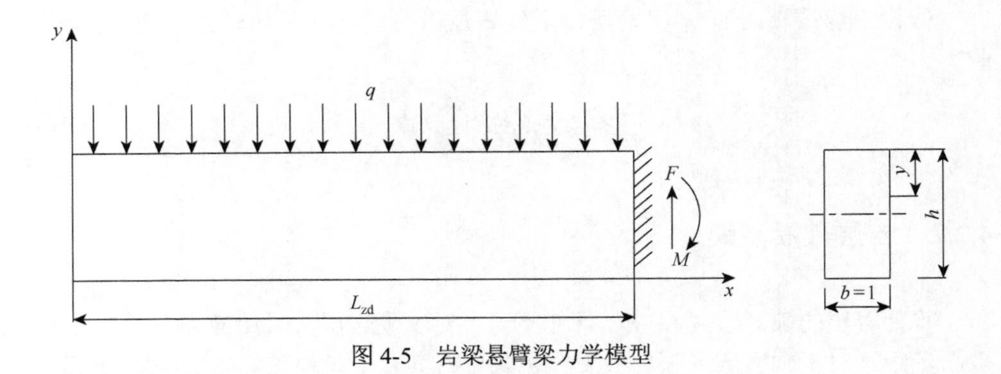

图 4-5　岩梁悬臂梁力学模型

根据材料力学理论悬臂梁受力分析，其内最大拉应力位于固定端部，当其值达到岩层容许抗拉强度时就会破断，计算得出岩层的周期破断步距为[134]

$$L_{zd}=h\sqrt{\frac{[\sigma_t]}{3q}} \tag{4-4}$$

3. *软岩层发生拉伸破坏时的极限跨度*

软岩层，这里特指黏土层（黄土），其破坏形式为塑性破坏。此类岩层，按应变力学模型进行分析，将其简化为固支梁模型，分析最大水平变形值。

在均布荷载 q 的作用下，固支梁内任一点的挠度 w 与该点弯矩 M 的关系为[134]

$$EI\frac{\mathrm{d}^2w}{\mathrm{d}x^2}=M \tag{4-5}$$

梁内任一点的弯曲为

$$M_x=\frac{q(l^2+6x^2-6lx)}{12} \tag{4-6}$$

梁挠度方程为

$$w=\frac{1}{EI}\left(\frac{qx^4}{24}-\frac{qLx^3}{12}+\frac{qL^2x^2}{24}\right) \tag{4-7}$$

当 $x=l/2$ 时， w 达到最大，其值为

$$w=\frac{qL^4}{384EI}=\frac{qL^4}{32Eh^3} \tag{4-8}$$

梁转角方程为[134]

$$\theta=w'=\frac{1}{EI}\left(\frac{qx^3}{6}-\frac{qLx^2}{4}+\frac{qL^2x}{12}\right) \tag{4-9}$$

梁内最大水平变形值为[134]

$$\varepsilon=\frac{1}{\rho}y=\frac{\mathrm{d}\theta}{\mathrm{d}x}\frac{h}{2} \tag{4-10}$$

对式（4-9）两边求导，得

$$\frac{\mathrm{d}\theta}{\mathrm{d}x}=\frac{1}{EI}\left(\frac{qx^2}{2}-\frac{qLx}{2}+\frac{qL^2}{12}\right) \tag{4-11}$$

当 $\frac{\mathrm{d}\theta}{\mathrm{d}x}$ 最大时，梁内最大水平变形值 ε 最大。对式（4-11）求导，求 $\frac{\mathrm{d}\theta}{\mathrm{d}x}$ 最大值，得[134]

$$\frac{\mathrm{d}^2\theta}{\mathrm{d}x^2}=\frac{q}{EI}\left(x-\frac{1}{2}L\right)$$

可知，$x=0$ 或 $x=L$ 时，梁的水平变形值 ε 最大，即

$$\varepsilon=\frac{qL^2}{12EI}\frac{h}{2}=\frac{qL^2}{2Eh^2} \tag{4-12}$$

根据式（4-12），得出软岩层发生拉伸破坏时的极限跨度为

$$L=h\sqrt{\frac{2E\varepsilon}{q}} \tag{4-13}$$

软弱岩层（如黏土层、泥岩）的临界水平拉伸变形值为 1.0～3.0mm/m[94]，超过此临界值，软弱岩层将发生拉伸变形破坏，可认为其产生导水裂隙。

4.2.3 岩层破断或拉伸破坏时的有效下沉空间高度

硬岩层属于脆性材料，其破坏形式以拉剪破坏为特点，当岩层内最大拉应力达到容许抗拉强度时就会破断。软岩层属于塑性材料，其破坏形式以拉伸变形为特点，当岩层内的最大应变值达到容许应变值时就会破坏。无论硬岩层还是软岩层，其发生破坏除应满足极限跨距条件外，岩层内最大位移处的允许下沉空间也应满足要求。

1. 硬岩层破断时的最大下沉值

硬岩层，如细砂岩、粗砂岩等，岩层破坏为脆性破坏。硬岩层破断前简化为固支梁，当工作面推进长度达到岩层初次破断步距时，固支梁转化为简支梁，如图 4-6 所示。岩层周期破断时，不考虑岩块之间的挤压力，因此岩层初次破断时最大下沉值按悬臂梁力学模型（图 4-7）进行计算，最大下沉值计算如下。

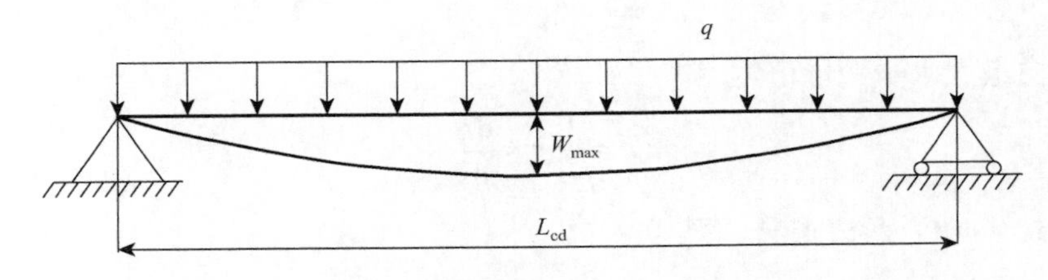

图 4-6　简支梁在荷载作用下的变形

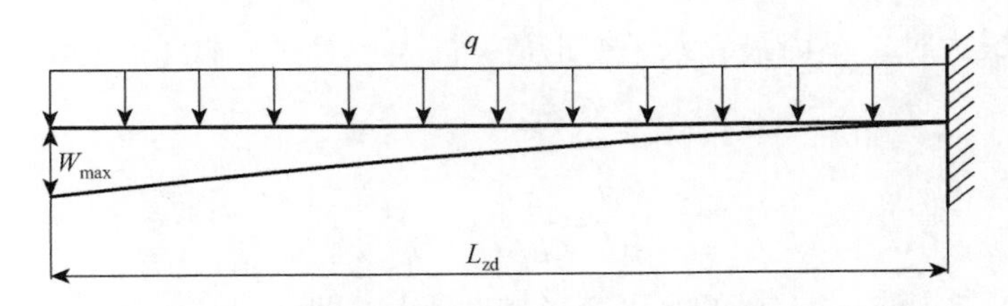

图 4-7　悬臂梁在荷载作用下的变形

岩层初次破断时的最大下沉值[134]：

$$w_{cd} = \frac{5qL_{cd}^4}{384EI} \tag{4-14}$$

岩层周期破断时的最大下沉值[134]：

$$w_{zd} = \frac{qL_{zd}^4}{8EI} \tag{4-15}$$

式中，E 为岩层的弹性模量；I 为岩层的抗弯截面模量，$I=\frac{bh^2}{12}$，若 $b=h$，则 $I=\frac{h^3}{12}$。

得出硬岩层破断时的最大下沉值如下[134]。

初次破断：

$$w_{\mathrm{cd}}=\frac{5qL_{\mathrm{cd}}^4}{32Eh^3}$$

周期破断：

$$w_{\mathrm{zd}}=\frac{3qL_{\mathrm{zd}}^4}{2Eh^3} \tag{4-16}$$

2. 软岩层拉伸破坏时的最大下沉值

根据式（4-15）计算确定出软岩层拉伸破断时的极限跨距后，可根据式（4-16）确定其初次破断最大下沉值[134]，即

$$w=\frac{Eh\varepsilon^2}{8q} \tag{4-17}$$

3. 岩层下方的有效下沉空间高度

定义第 i 层岩层破断时其下方的有效空间高度为 Δ_i，表达式为

$$\Delta_i=M-\sum_1^{i-1}h_i(k_{\mathrm{c}i}-1) \tag{4-18}$$

式中，M 为采高，m；h_i 为煤层上方第 i 层岩层的厚度，m；$k_{\mathrm{c}i}$ 为煤层上方第 i 层岩层的残余碎胀系数。

4.3 覆岩导水裂隙发育机理

4.3.1 覆岩导水裂隙最大发育高度判别依据

开切眼侧的覆岩导水裂隙发育高度最大，其值也为岩层最大破坏高度。岩层发生破断或拉伸破坏时需同时满足以下三个条件：

（1）硬岩层内的最大拉应力达到容许抗拉强度$[\sigma_{\mathrm{t}}]$，软岩层内的最大拉伸变形值达到容许拉伸变形值；

（2）工作面推进长度大于岩层破断或发生拉伸破坏时的极限跨距；

（3）岩层破断或发生拉伸破坏时的最大下沉值应小于其下方有效下沉空间高度，即 $w < \Delta$。

判别依据：对上覆岩层自下而上逐层进行判别，当第 i 层岩层同时满足，但第 $i+1$ 层岩层不能满足上述三个条件时，覆岩导水裂隙最大发育高度就为煤层上方 i 层岩层的总厚度。

4.3.2 覆岩破断或拉伸破坏的极限跨距

依据石圪台煤矿浅埋近距煤层开采区域的覆岩物理力学参数（实测取值见表 4-1），根据式（4-1）和式（4-2），得出不同方案的岩层所受荷载见表 4-2。

表 4-1 浅埋近距煤层覆岩物理力学参数

编号	岩性	容重 $\gamma/(N/m^3)$	弹性模量 E/MPa	泊松比 μ	抗拉强度 σ_t/MPa
1	松散层	22.0	—	0.2	—
2	黄土	17.2	0.02	0.3	0.07
3	砂质泥岩	24.1	5	0.268	1.3
4	粉粒砂岩	24.7	23	0.217	2.2
5	中粒砂岩	25.0	25	0.223	2.4
6	细粒砂岩	25.1	30	0.201	3.48
7	砂质泥岩	24.1	5	0.268	1.3
8	中粒砂岩	24.7	25	0.223	2.8
9	粉粒砂岩	24.7	23	0.217	2.2
10	粗粒砂岩	24.7	20	0.226	2.1
11	中粒砂岩	25.0	25	0.223	2.51
12	砂质泥岩	24.1	5	0.268	0.8
13	$1^{-2上}$煤层	14.2	5.3	0.3	0.2
14	粉粒砂岩	24.6	23	0.217	2.2
15	中粒砂岩	25.0	25	0.223	2.4
16	粗粒砂岩	24.8	20	0.226	2.1

表 4-2 岩层所承受的荷载

编号	岩性	岩层所承受的荷载/MPa					
		方案一	方案二	方案三	方案四	方案五	方案六
1	松散层	0.095	0.095	0.095	0.095	0.095	0.095
2	黄土	0.103	0.103	0.103	0.103	0.103	0.103
3	砂质泥岩	0.34	0.34	0.34	0.34	0.34	0.34

续表

编号	岩性	岩层所承受的荷载/MPa					
		方案一	方案二	方案三	方案四	方案五	方案六
4	粉粒砂岩	0.151	0.151	0.151	0.378	0.378	0.378
5	中粒砂岩	0.075	0.075	0.075	0.075	0.075	0.075
6	细粒砂岩	0.276	0.276	0.276	0.911	0.911	0.911
7	砂质泥岩	0.069	0.069	0.069	0.139	0.139	0.139
8	中粒砂岩	0.139	0.139	0.139	0.316	0.316	0.316
9	粉粒砂岩	0.1	0.1	0.1	0.174	0.174	0.174
10	粗粒砂岩	0.075	0.075	0.075	0.075	0.075	0.075
11	中粒砂岩	1.23	1.23	1.23	0.374	0.374	0.374
12	砂质泥岩	0.12	0.12	0.12	0.12	0.12	0.12
13	$1^{-2上}$煤层	—	—	—	—	—	—
14	粉粒砂岩	1.359	1.359	1.359	1.981	1.981	1.981
15	中粒砂岩	1.433	1.433	1.533	2.056	2.056	2.155
16	粗粒砂岩	1.509	1.735	1.884	2.131	2.357	2.507
17	1^{-2}煤层	—	—	—	—	—	—

代入相关参数，得出各方案的岩层初次破断步距和周期破断步距见表 4-3 和表 4-4。

表 4-3 岩层初次破断步距

编号	岩性	岩层初次破断步距/m					
		方案一	方案二	方案三	方案四	方案五	方案六
1	松散层	—	—	—	—	—	—
2	黄土	5.3	5.3	5.3	5.3	5.3	5.3
3	砂质泥岩	16.6	16.6	16.6	16.6	16.6	16.6
4	粉粒砂岩	21.6	21.6	21.6	23.9	23.9	23.9
5	中粒砂岩	24.0	24.0	24.0	24.0	24.0	24.0
6	细粒砂岩	25.1	25.1	25.1	44.2	44.2	44.2
7	砂质泥岩	18.4	18.4	18.4	25.9	25.9	25.9
8	中粒砂岩	25.4	25.4	25.4	37.9	37.9	37.9
9	粉粒砂岩	26.5	26.5	26.5	35.2	35.2	35.2
10	粗粒砂岩	22.4	22.4	22.4	22.4	22.4	22.4
11	中粒砂岩	20.2	20.2	20.2	36.6	36.6	36.6

续表

编号	岩性	岩层初次破断步距/m					
		方案一	方案二	方案三	方案四	方案五	方案六
12	砂质泥岩	18.3	18.3	18.3	18.3	18.3	18.3
13	$1^{-2上}$煤层	—	—	—	—	—	—
14	粉粒砂岩	5.4	5.4	12.6	9.8	4.5	10.4
15	中粒砂岩	5.5	21.9	25.6	7.3	18.3	20.9
16	粗粒砂岩	4.7	4.7	15.1	4.2	4.0	12.9
17	1^{-2}煤层	—	—	—	—	—	—

表 4-4　岩层周期破断步距

编号	岩性	岩层第一次周期破断步距/m					
		方案一	方案二	方案三	方案四	方案五	方案六
1	松散层	—	—	—	—	—	—
2	黄土	5.3	5.3	5.3	5.3	5.3	5.3
3	砂质泥岩	6.8	6.8	6.8	6.8	6.8	6.8
4	粉粒砂岩	8.8	8.8	8.8	9.7	9.7	9.7
5	中粒砂岩	9.8	9.8	9.8	9.8	9.8	9.8
6	细粒砂岩	10.3	10.3	10.3	18.1	18.1	18.1
7	砂质泥岩	7.5	7.5	7.5	10.6	10.6	10.6
8	中粒砂岩	10.4	10.4	10.4	15.5	15.5	15.5
9	粉粒砂岩	10.8	10.8	10.8	14.4	14.4	14.4
10	粗粒砂岩	9.2	9.2	9.2	9.2	9.2	9.2
11	中粒砂岩	8.2	8.2	8.2	15.0	15.0	15.0
12	砂质泥岩	7.5	7.5	7.5	7.5	7.5	7.5
13	$1^{-2上}$煤层	—	—	—	—	—	—
14	粉粒砂岩	2.2	2.2	5.1	1.8	1.8	4.3
15	中粒砂岩	2.2	8.9	10.5	1.9	7.5	8.5
16	粗粒砂岩	1.9	1.9	6.2	1.6	1.6	5.3
17	1^{-2}煤层	—	—	—	—	—	—

4.3.3　覆岩导水裂隙发育最大高度

1. 岩层破断或拉伸破坏判别

根据 4.3.2 节覆岩导水裂隙发育高度判别依据，工作面推进长度总是能够满足岩层破断或拉伸破坏时的极限跨距要求的。将物理相似模拟实验得到的采空区中部测线 2 的残余碎胀系数实测结果代入式（4-17）和式（4-18），计算得出岩层下方有效下沉空间高度最大值和岩层破断或拉伸破坏时的最大下沉值，并进行比较，岩层初次破断或拉伸变形破坏判别结果见表 4-5～表 4-8。

表 4-5　岩层初次破断或拉伸变形时的最大下沉值

编号	岩性	最大下沉值/m					
		方案一	方案三	方案三	方案四	方案五	方案六
1	松散层	—	—	—	—	—	—
2	黄土	0.58	0.58	0.58	0.58	0.58	0.58
3	砂质泥岩	0.011	0.011	0.011	0.011	0.011	0.011
4	粉粒砂岩	0.012	0.012	0.012	0.008	0.008	0.008
5	中粒砂岩	0.026	0.026	0.026	0.026	0.026	0.026
6	细粒砂岩	0.013	0.013	0.013	0.034	0.034	0.034
7	砂质泥岩	0.045	0.045	0.045	0.049	0.049	0.049
8	中粒砂岩	0.020	0.020	0.020	0.026	0.026	0.026
9	粉粒砂岩	0.025	0.025	0.025	0.028	0.028	0.028
10	粗粒砂岩	0.025	0.025	0.025	0.025	0.025	0.025
11	中粒砂岩	0.008	0.008	0.008	0.021	0.021	0.021
12	砂粒泥岩	0.017	0.017	0.017	0.017	0.017	0.017
13	$1^{-2上}$煤层	—	—	—	—	—	—
14	粉粒砂岩	0.001	0.001	0.003	0.001	0.001	0.004
15	中粒砂岩	0.001	0.010	0.014	0.001	0.013	0.019
16	粗粒砂岩	0.001	0.001	0.008	0.001	0.001	0.012
17	1^{-2}煤层	—	—	—	—	—	—

表 4-6　岩层周期破断或拉伸变形时的最大下沉值

编号	岩性	最大下沉值/m					
		方案一	方案二	方案三	方案四	方案五	方案六
1	松散层	—	—	—	—	—	—
2	黄土	0.58	0.58	0.58	0.58	0.58	0.58
3	砂质泥岩	0.097	0.097	0.097	0.097	0.097	0.097
4	粉粒砂岩	0.097	0.097	0.097	0.071	0.071	0.071
5	中粒砂岩	0.211	0.211	0.211	0.211	0.211	0.211

续表

编号	岩性	最大下沉值/m					
		方案一	方案二	方案三	方案四	方案五	方案六
6	细粒砂岩	0.109	0.109	0.109	0.318	0.318	0.318
7	砂质泥岩	0.362	0.362	0.362	0.404	0.404	0.404
8	中粒砂岩	0.167	0.167	0.167	0.224	0.224	0.224
9	粉粒砂岩	0.201	0.201	0.201	0.233	0.233	0.233
10	粗粒砂岩	0.202	0.202	0.202	0.202	0.202	0.202
11	中粒砂岩	0.075	0.075	0.075	0.176	0.176	0.176
12	砂粒泥岩	0.138	0.138	0.138	0.138	0.138	0.138
13	$1^{-2上}$煤层	—	—	—	—	—	—
14	粉粒砂岩	0.006	0.006	0.032	0.008	0.008	0.046
15	中粒砂岩	0.007	0.106	0.143	0.010	0.156	0.231
16	粗粒砂岩	0.007	0.007	0.088	0.010	0.012	0.157
17	1^{-2}煤层	—	—	—	—	—	—

表 4-7　上煤层开采过程中岩层破断或拉伸破坏时其下方有效下沉空间

编号	岩性	有效下沉空间/m					
		方案一	方案二	方案三	方案四	方案五	方案六
1	松散层	1.712	1.712	1.712	1.602	1.602	1.602
2	黄土	1.724	1.724	1.724	1.614	1.614	1.614
3	砂质泥岩	1.741	1.741	1.741	1.631	1.631	1.631
4	粉粒砂岩	1.759	1.759	1.759	1.649	1.649	1.649
5	中粒砂岩	1.772	1.772	1.772	1.672	1.672	1.672
6	细粒砂岩	1.784	1.784	1.784	1.684	1.684	1.684
7	砂质泥岩	1.809	1.809	1.809	1.764	1.764	1.764
8	中粒砂岩	1.836	1.836	1.836	1.818	1.818	1.818
9	粉粒砂岩	1.880	1.880	1.880	1.917	1.917	1.917
10	粗粒砂岩	1.932	1.932	1.932	2.001	2.001	2.001
11	中粒砂岩	1.995	1.995	1.995	2.055	2.055	2.055
12	砂粒泥岩	2.285	2.285	2.285	2.295	2.295	2.295
13	$1^{-2上}$煤层	—	—	—	—	—	—

表 4-8 下煤层开采过程中岩层破断或拉伸破坏时其下方有效下沉空间

编号	岩性	有效下沉空间/m					
		方案一	方案二	方案三	方案四	方案五	方案六
1	松散层	4.492	4.222	3.916	4.398	4.128	3.822
2	黄土	4.504	4.234	3.928	4.410	4.140	3.834
3	砂质泥岩	4.521	4.251	3.945	4.427	4.157	3.851
4	粉粒砂岩	4.539	4.269	3.963	4.445	4.175	3.869
5	中粒砂岩	4.552	4.282	3.976	4.468	4.198	3.892
6	细粒砂岩	4.564	4.294	3.988	4.480	4.210	3.904
7	砂质泥岩	4.589	4.319	4.013	4.560	4.290	3.984
8	中粒砂岩	4.616	4.346	4.040	4.614	4.344	4.038
9	粉粒砂岩	4.660	4.390	4.084	4.713	4.443	4.137
10	粗粒砂岩	4.712	4.442	4.136	4.797	4.527	4.221
11	中粒砂岩	4.775	4.505	4.199	4.845	4.575	4.269
12	砂粒泥岩	5.055	4.785	4.479	5.065	4.795	4.489
13	$1^{-2上}$煤层	—	—	—	—	—	—
14	粉粒砂岩	2.760	2.490	2.184	2.760	2.490	2.184
15	中粒砂岩	2.820	2.550	2.304	2.820	2.550	2.304
16	粗粒砂岩	2.910	2.910	2.700	2.910	2.910	2.700
17	1^{-2}煤层	—	—	—	—	—	—

分析表 4-5～表 4-8 可知，考虑无水情况下，煤层开采覆岩稳定后，对于所设计 6 种浅埋近距煤层方案，无论哪种方案，无论上煤层开采还是下煤层开采，硬岩层都会发生破断，软岩层也都会发生拉伸破坏，覆岩导水裂隙都将发育至地表。

2. 覆岩导水裂隙最大发育高度演化特征

覆岩逐层破断或拉伸破坏，在开切眼侧和开采侧形成断裂角。那么，覆岩内第 i 岩层破断时对应的工作面推进长度为

$$L_{\mathrm{TP}i}=\sum_{1}^{i-1}h_i\cot\varphi_1+\sum_{1}^{i-1}h_i\cot\varphi_2+L_{\mathrm{cd}} \tag{4-19}$$

式中，φ_1 为开切眼侧的断裂角；φ_2 为开采侧的断裂角；h_i 为第 i 层岩层的厚度。

以岩层初次破断为例，分析上煤层开采上覆岩层破断步距和下煤层开采层间岩层破断步距与工作面推进长度之间的关系，从而揭示覆岩导水裂隙最大发育高度演化特征，如图 4-8 所示。

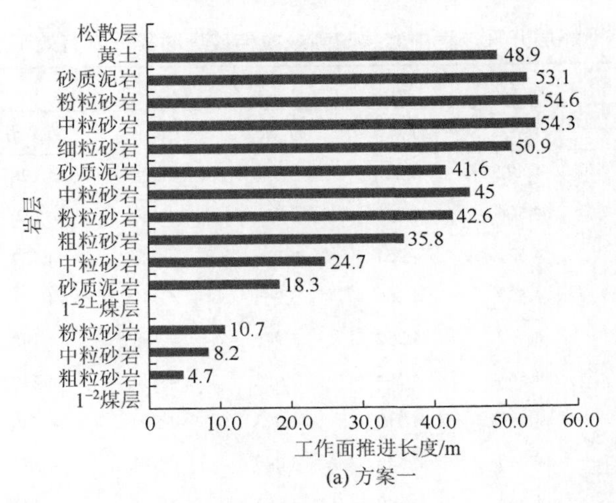

(a) 方案一

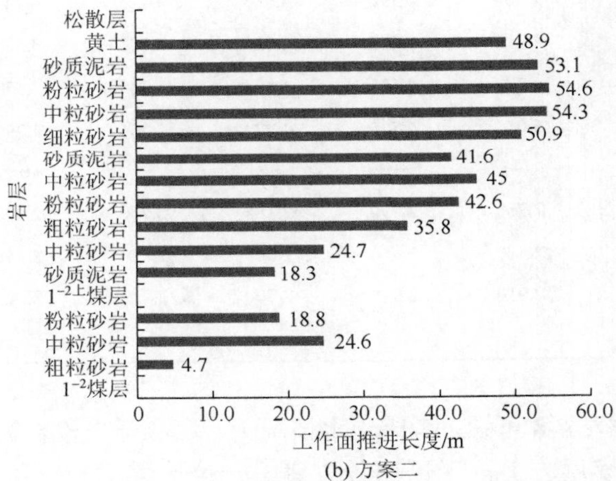

(b) 方案二

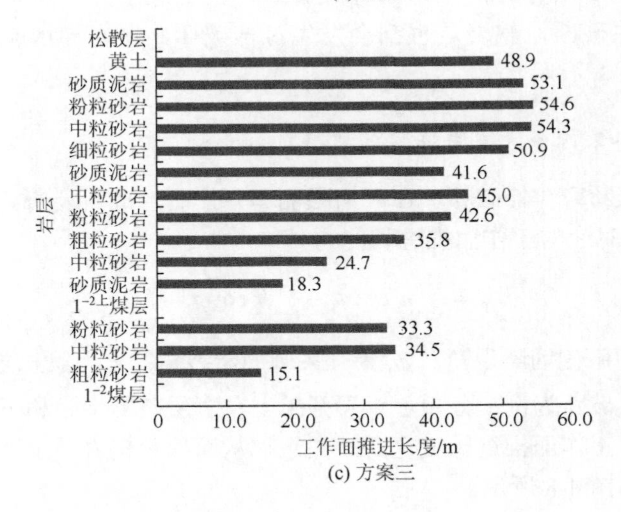

(c) 方案三

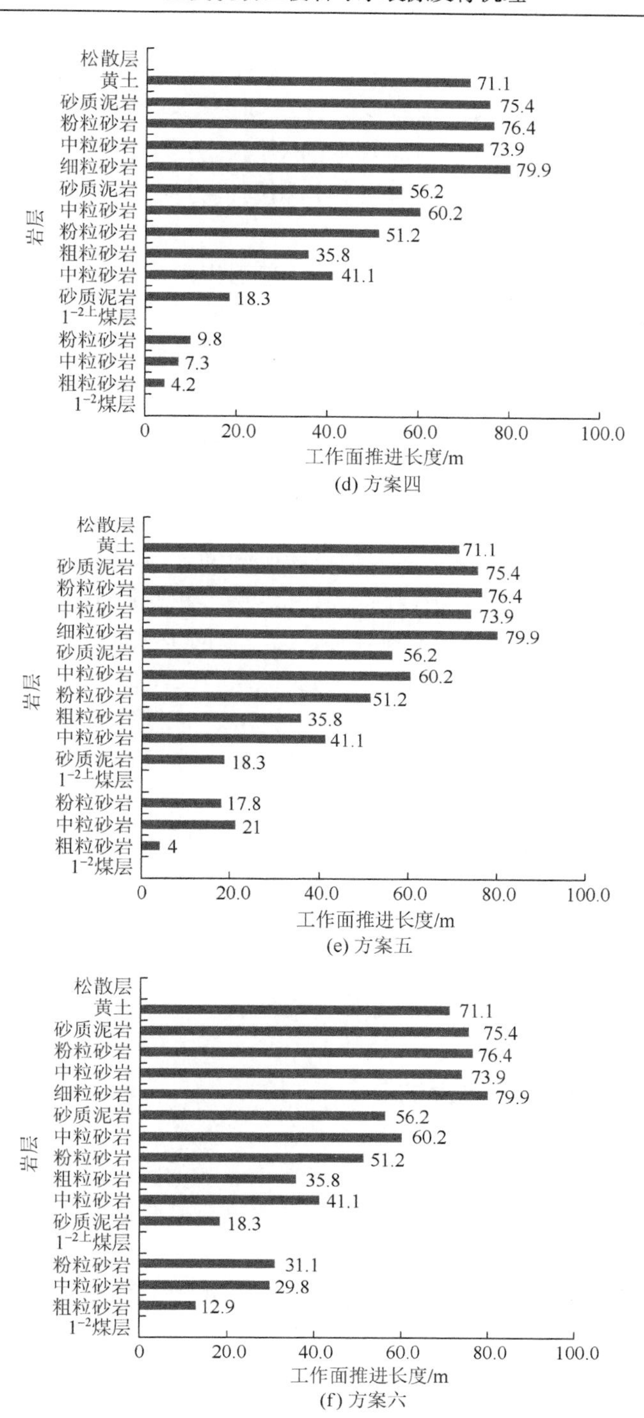

图 4-8 岩层破断步距与工作面推进长度之间的关系

（1）方案一、二、三中上煤层的覆岩结构相同，但层间岩层结构不同。方案四、五、六中上煤层的覆岩结构相同，但层间岩层结构不同。方案一、二、三上煤层的覆岩结构与方案四、五、六中的不同。方案一与方案四的层间岩层结构相同；方案二与方案五的层间岩层结构相同；方案三与方案六的层间岩层结构相同。

（2）由图 4-8（a）、（b）、（c）可知，随着工作面的推进，方案一、二、三中上煤层开采后，其上覆岩层是自下而上逐层破断的，且没有明显表现出多层岩层同步破断的特点。工作面推进 18.3m 时，直接顶（砂质泥岩）初次破断；导水裂隙最大发育高度为 5m。工作面推进 24.7m 时，基本顶（中粒砂岩）初次破断，导水裂隙最大发育高度达 15m。当工作面推进 35.8m 时，导水裂隙最大发育高度达 18m；当工作面推进 54.6m 时，导水裂隙贯通地表，最大高度达到 53m。

（3）由图 4-8（d）、（e）、（f）可知，方案四、五、六中上煤层开采后，随着工作面的推进，覆岩基本上自下而上是逐层破断的，但表现出多层岩层同步破断的特点，基本顶（中粒砂岩）破段时，其邻近层（粗粒砂岩）与之同步破断；上方中粒砂岩破断时，其邻近层（砂质泥岩）也与之同步破断；覆岩中厚硬岩层（细粒砂岩）破断时，其上覆岩层全部与之同步破断。工作面推进 18.3m 时，直接顶（砂质泥岩）初次破断，导水裂隙最大高度达 5m。工作面推进 41.1m 时，基本顶（中粒砂岩）初次破断，导水裂隙最大高度达 18m。当工作面推进 79.9m 时，导水裂隙贯通地表，最大高度达 83m。

（4）煤层间距为 9m（方案一和方案四）时，层间岩层自下而上逐层破断，最小初次破断步距为 4.2m，最大破断步距为 10.7m；煤层间距为 18m（方案二和方案五）时，层间厚硬岩层（中粒砂岩）初次破断步距为 21m。煤层间距为 30m（方案三和方案六）时的层间岩层破断特征与煤层间距为 18m 时的相似。但无论层间岩层破断步距如何变化，导水裂隙都将贯通地表。

4.3.4 隔水层张拉裂隙弥合性

从隔水层拉伸破坏角度分析，煤层开采后，隔水层内会产生张拉裂隙，而根据固液耦合物理相似模拟实验发现，隔水层遇水后具有弥合特性，且一些现场水位观测井观测结果表明，在特定地质条件下含水层水位能够恢复。隔水层之所以在产生裂隙后还能保持良好的隔水性能，与其遇水膨胀作用使隔水层裂隙闭合的性质密不可分，这就是隔水层的弥合性[159]，它是浅埋煤层保水开采得以实现的关键因素之一。

隔水层受拉伸作用发生破坏，产生的导水裂隙为上张型，自上而下张开（裂隙宽度逐渐变小，如图 4-9 所示）。

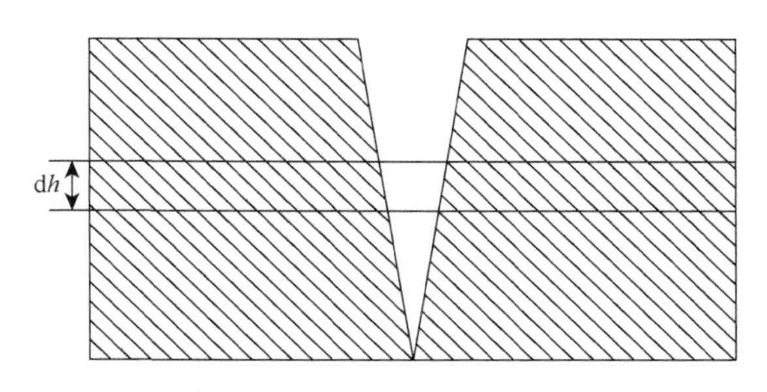

图 4-9 张拉裂隙形态

由于隔水层受上方和下方岩层限制，假设其遇水膨胀后在垂直方向上的不发生位移，只在水平方向上发生位移。取单位厚度隔水层张拉裂隙 dh 为研究对象，其弥合模型如图 4-10 所示。

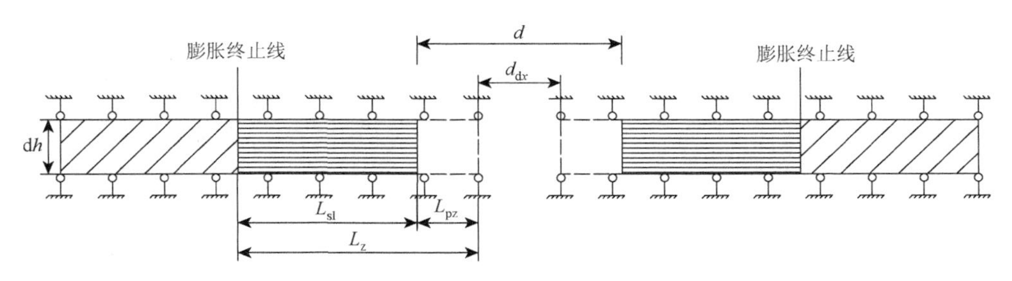

图 4-10 隔水层张拉裂隙弥合模型

隔水层张拉裂隙宽度与其物理力学性质、受力条件和其下方有效下沉空间有关，而膨胀伸长量与水理性质有关。隔水层具有吸水性、膨胀性和渗透性，当其裂隙表面处于饱和土状态时，将不再吸水和膨胀，且渗流终止。

为深入研究隔水层导水裂隙，提出隔水层等效裂隙宽度的概念，即隔水层裂隙遇水膨胀后的实际宽度，其值为

$$d_{dx} = d - 2L_{pz}$$

式中，d 为不考虑膨胀性时的隔水层张拉裂隙宽度，mm；L_{pz} 为隔水层的无荷侧向约束膨胀伸长量。

当 $d_{dx} < 0$ 时，隔水层不会产生导水裂隙，具有隔水性能；当 $d_{dx} > 0$ 时，隔水层丧失隔水性能。

参照已有研究成果[47]，隔水层无荷侧向约束膨胀伸长量计算公式为

$$L_{pz} = vtR \tag{4-20}$$

式中，v 为渗流速率，m/d；t 为渗流时间，d；R 为膨胀率。

图 4-11 岩石侧向约束膨胀仪

4.3.5 实例分析

采用岩石侧向约束膨胀仪（图 4-11）测量非亲水相似隔水层材料的膨胀伸长量 L_{pz}，仪器为千分表数字直读式结构，配有透水板，千分表等试验装置。千分表量程为 5mm，精度为 0.001mm。

具体步骤为：①按照非亲水隔水层材料配比方案制备隔水层试件（$\varphi50\times20$mm）；②将隔水层试件表面（除自由面）涂抹凡士林后放入岩石侧向约束膨胀仪，浸泡 200 分钟（每 20 分钟记录 1 次数据），测量隔水层材料的无荷侧向约束膨胀伸长量。测量结果如图 4-12 所示。

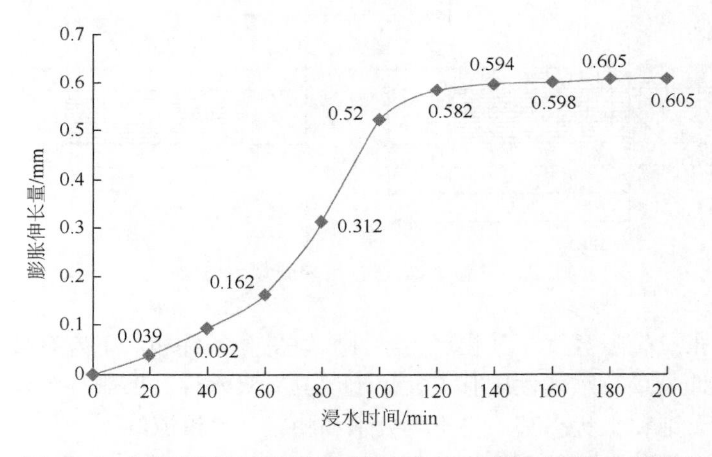

图 4-12 非亲水隔水层材料的无荷侧向约束膨胀伸长量变化规律

由图 4-12 可知，非亲水隔水层材料无荷侧向约束膨胀伸长量 L_{pz} 随浸泡时间的增加而逐渐增大。非亲水隔水层材料膨胀伸长量变化曲线成 S 形[139]，分为三个阶段：①60 分钟内为吸水膨胀阶段，非亲水隔水层材料膨胀发生在表面，吸力较大，吸水较快，膨胀速率较高；②60～120 分钟内为急速膨胀阶段，水分浸入非亲水隔水层材料内，与非亲水隔水层材料交界面增大，开始完全膨胀；③120～200 分钟内为缓慢膨胀阶段，水分增加，吸力减小，膨胀速率缓慢。实测非亲水隔水层材料无荷侧向约束膨胀伸长量 $L_{pz}=0.605$mm，则隔水层张拉裂隙弥合量为 $2L_{pz}=1.21$mm。

根据前面浅埋近距煤层开采物理相似模拟实验，采用游标卡尺（精度为 0.05mm）测量覆岩移动稳定后隔水层张拉裂隙最大宽度，统计结果见表 4-9。

表 4-9 隔水层张拉裂隙最大宽度统计表

	方案	裂隙宽度/mm
上煤层开采	一、二、三	1.25
	四、五、六	1.15
下煤层开采	一	2.20
	二	2.10
	三	2.00
	四	2.15
	五	2.05
	六	1.95

由表 4-9 可知，上煤层开采后，方案一、二、三中隔水层张拉裂隙最大宽度为 1.25mm，大于隔水层裂隙弥合量 $2L_{pz}=1.21$mm，说明隔水层的膨胀作用不能使其张拉裂隙弥合，最终会导致水资源会流失；而方案四、五、六中隔水层张拉裂隙的最大宽度小于隔水层的裂隙弥合量，隔水层张拉裂隙遇水膨胀后能够弥合，仍能够保持很好的隔水性能。下煤层开采稳定后，几种方案的隔水层张拉裂隙宽度都很大，大于其弥合量，张拉裂隙不能弥合，最终会导致水资源流失。

4.4 本章小结

（1）在剖析采动覆岩移动及破坏形式的基础上，建立覆岩力学模型，分析了岩层破断或拉伸破坏时的极限破断步距与其下方有效下沉空间高度之间的关系，并考虑隔水层的遇水膨胀性，提出了覆岩导水裂隙发育最大高度的判别依据。

（2）采用岩石侧向约束膨胀仪实测了非亲水隔水层相似材料的有限侧向膨胀拉伸量，并统计了相似模拟实验中采动隔水层张拉裂隙的宽度，分析了隔水层张拉裂隙的弥合性，在此基础上，揭示了浅埋近距煤层重复扰动区覆岩导水裂隙发育机理。

5 浅埋近距煤层重复扰动区保水开采方法

在分析重复扰动区覆岩导水裂隙发育影响因素的基础上，根据浅埋近距煤层覆岩导水裂隙发育规律和覆岩移动特点，并考虑隔水层的遇水膨胀性，提出重复扰动区覆岩导水裂隙控制方法。

5.1 重复扰动区覆岩导水裂隙发育的影响因素

影响覆岩导水裂隙发育的因素主要分为两种：一种是地质参数，包括含水层水头压力、隔水层厚度及其水理性质、基岩厚度、厚硬岩层、软硬岩层组合、煤层间距等；另一种是开采参数，包括开采高度（采高）、开采方法、开采工艺和开采布局等[160-162]。

5.1.1 地质参数

1. 含水层水头压力

含水层的水头压力越大，隔水层就越容易发生采动渗流破坏，其隔水性能就越差。另外，隔水层具有遇水膨胀性，当其张拉裂隙产生后在弥合过程中，水头压力很大时，隔水层张拉裂隙中部分的弥合区域会被高压水流冲刷掉，导致隔水层导水裂隙宽度变大无法弥合，造成水资源流失。

2. 隔水层厚度及其水理性质

隔水层厚度越大，抗变形破坏的能力就越强，其隔水性能越好；反之，则越差。

隔水层的水理性质中，最重要的参数是渗透性和膨胀性。渗透性可用渗流系数来表示。渗流系数越小，隔水层的隔水性能越好，反之，则越差。膨胀性可用无荷侧向约束膨胀伸长量来表示，伸长量越大，隔水层张拉裂隙越容易弥合；反之，裂隙宽度大，而伸长量不足时，隔水层张拉裂隙无法弥合，终将渗流。

3. 基岩厚度

岩体具有碎胀性，即便是弯曲下沉带内的岩层中或多或少都存在裂隙或离层，可将视其为碎胀作用的结果。煤层开采高度不变的条件下，基岩厚度越大，隔水层下方的有效下沉空间高度就越小，其发生拉伸破坏的程度就越小，那么隔水层的隔水性能就越好；反之，则越差。

4. *厚硬岩层*

煤层上覆岩层由软硬岩层组成。覆岩中厚硬岩层具有厚度大、强度高的特点，在自身荷载和外荷载作用下破断步距大。厚硬岩层破断时，往往其上方的多层岩层随之同步破断，覆岩导水裂隙迅速向地表方向发育。

我国神东矿区浅埋煤层开采区域，厚硬岩层上方往往存在着黏土隔水层，厚硬岩层的运动控制着其上方其他岩层和黏土隔水层的运动及导水裂隙发育。煤层开采后开切眼侧覆岩破断岩块结构特征如图 5-1 所示。

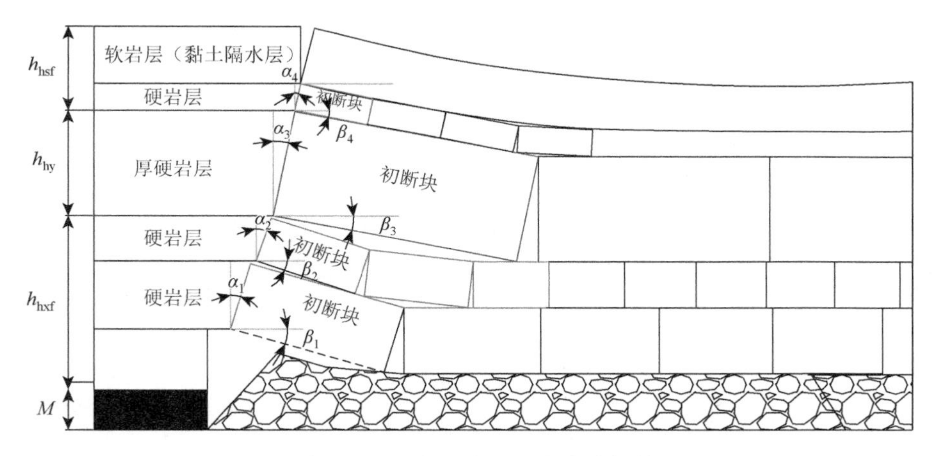

图 5-1 开切眼侧覆岩破断岩块结构特征

在覆岩破断岩块结构中，岩层初次破断时的岩块，称为初断块，它是影响开切眼侧覆岩导水裂隙发育的主要因素。由于厚硬岩层的特殊性，应对其初断块进行重点分析研究。假设初断块在断裂面 A 点只发生旋转运动，那么初断块运动模型如图 5-2 所示。

为分析厚硬岩层在覆岩导水裂隙中的作用，设厚硬岩层以上至地表的岩层厚度为 h_{hsf}；煤层以上、厚硬岩层以下的岩层厚度为 h_{hxf}。假设覆岩内单层岩层厚度不变，α 和 β 相等，研究厚硬岩层对开切眼侧覆岩导水裂隙发育的影响，也就是研究厚硬岩层初断块旋转角的变化规律[163]。

由图 5-2 可知

$$\alpha = \beta = \arcsin\frac{\Delta}{L} \tag{5-1}$$

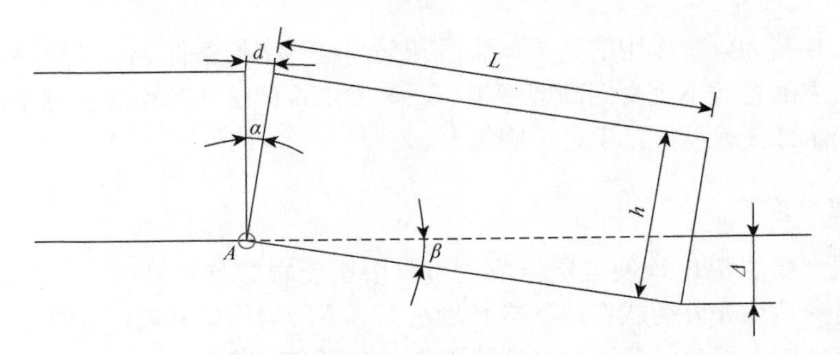

图 5-2　厚硬岩层初断块运动模型

式中，α 为断裂裂隙张开角；β 为厚硬岩层初断块旋转角；Δ 为厚硬岩层下方有效空间高度，$\Delta = M - h_{\mathrm{hxf}}(k_{\mathrm{chxf}} - 1)$，$M$ 为煤层厚度；L 为厚硬岩层初断块长度，为厚硬岩层初次破断步距的一半；假设厚硬岩层上方岩层自重荷载全部作用在厚硬岩层上，则

$$L = \frac{L_{\mathrm{cd}}}{2} = \frac{h}{2}\sqrt{\frac{2[\sigma_{\mathrm{t}}]}{q}} = \frac{h}{2}\sqrt{\frac{2[\sigma_{\mathrm{t}}]}{\gamma(h_{\mathrm{hsf}} + M)}}$$

分析得出：采动覆岩中厚硬岩层距煤层的距离 h_{hxf} 越小，其下方的有效空间高度 Δ 就越大；另外，由于上覆岩层单层厚度不变，厚硬岩层距煤层的距离 h_{hxf} 越小，上覆岩层厚度 h_{hsf} 就越大，其所受荷载 q 也会越大，那么厚硬岩层初断块的长度 L_{cd} 就越小。因此，厚硬岩层距离煤层越近，其初断块旋转角就越大，开切眼侧的覆岩导水裂隙发育程度越大，反之，则越小。

5. *软硬岩层组合*

为分析不同软硬岩层组合对覆岩导水裂隙发育的影响，采用 UDEC 数值模拟软件，建立了三个不同岩性组合的模型，即硬-软-软、软-软-硬和软-硬-软（自上往下）。模拟结果如图 5-3 所示。

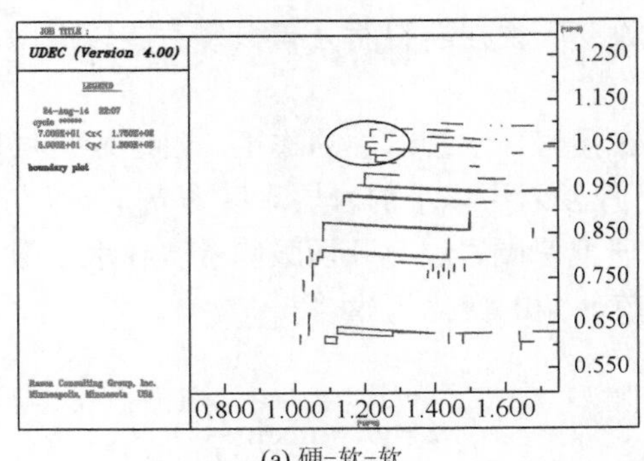

(a) 硬-软-软

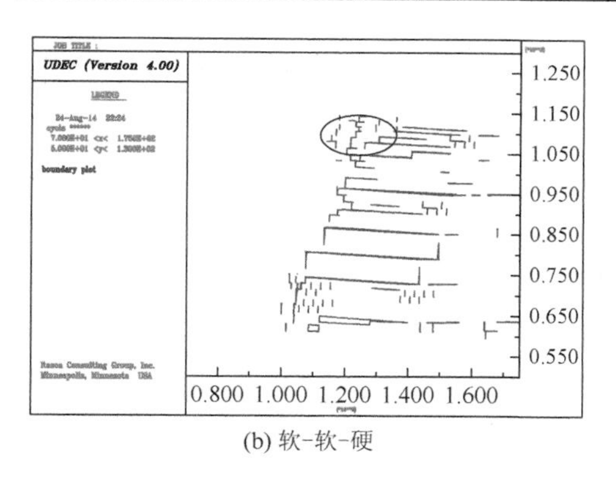

(b) 软-软-硬

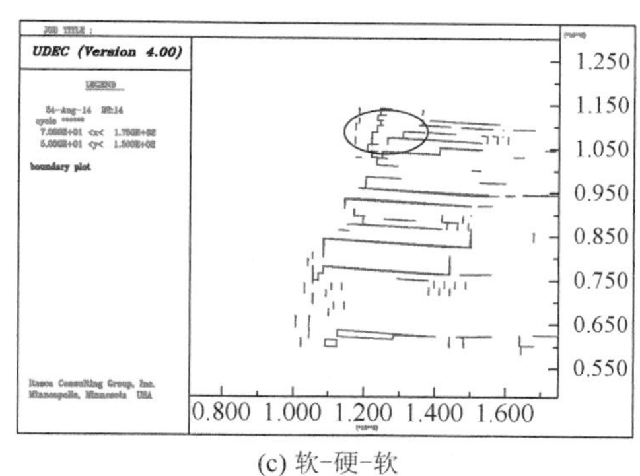

(c) 软-硬-软

图 5-3　不同岩性组合情况下导水裂隙发育特征

由图 5-3 可知，岩性组合对覆岩导水裂隙发育程度影响显著。硬-软-软岩性组合下覆岩导水裂隙发育程度最小，软-硬-软岩性组合下覆岩导水裂隙发育程度较大，而软-软-硬岩性组合下覆岩导水裂隙发育程度最大。

6. 煤层间距

煤层间距越小，下煤层开采过程中岩层破断或拉伸破坏时的有效空间高度就越大，那么覆岩导水裂隙就会越发育，且二次发育程度越大；反之，则越小。但无论煤层间距有多大，下煤层开采都会对上煤层的覆岩导水裂隙产生影响，使导水裂隙宽度和发育高度变大。

5.1.2　开采参数

1. 开采高度

相同地质条件下，开采高度的改变会引起覆岩导水裂隙发育程度的变化，开采高度越大，采动覆岩损伤程度就越大，则覆岩导水裂隙发育程度越大。减小开采高度可有效控制覆岩导水裂隙发育，但会造成煤炭资源浪费，不利于煤矿可持续发展。为实现浅埋近距煤层保水开采，可在采煤工作面开采边界附近（开切眼侧和停采线侧）采用降低采高的方法。

2. 开采方法

开采方法影响覆岩移动和导水裂隙发育。一次采全厚长壁采煤法对采动覆岩的损伤最大，导水裂隙发育程度最大；条带开采、房柱式开采等部分开采方法与长壁采煤法相比，对采动覆岩的损伤相对较小，导水裂隙发育可在一定程度上得到有效抑制；全采全充采煤法可限制覆岩移动，对采动覆岩损伤很小，是控制覆岩导水裂隙发育的最有效途径。

3. 开采工艺

开采工艺参数中，开采速度对覆岩导水裂隙发育影响显著，但这主要对采空区中部覆岩导水裂隙起作用，对开切边界附近的覆岩导水裂隙影响较小。开采速度越大，覆岩导水裂隙的发育程度就越小，而且导水裂隙闭合速度也越快，有利于水资源保护性开采。在课题组早期针对神东矿区保水开采工业性试验中，得出工作面推进速度与水位变化之间的关系。当工作面推进速度大于 15m/d 时，基岩层中裂隙发育相对不够充分，贯通程度较弱，水位下降幅度小；而当工作面推进速度小于 10m/d 时，基岩层中裂隙发育充分，贯通程度较强，水位下降幅度较大。

4. 开采布局

对于近距煤层，上下煤层采煤工作面的布置方式（内错或外错）对覆岩导水裂隙发育影响显著。无论何种布置方式，错距较小时，下煤层开采都会引起上煤层开采边界附近的覆岩导水裂隙二次显著发育，甚至贯通地表导致水资源流失；错距较大时，开采边界附近的覆岩导水裂隙二次发育程度较小，但下煤层开采会引起上煤层采空区中部的覆岩导水裂隙二次发育，此种情况下，覆岩导水裂隙发育程度主要由下煤层开采高度和煤层间距决定。

5.2 开采布局对重复扰动区覆岩导水裂隙的控制作用

以影响覆岩导水裂隙发育的地质参数为基本条件，从开采参数入手，寻找其控制途径。神东矿区浅埋近距煤层开采区域存在软岩隔水层，一旦隔水层发生拉伸破坏，并最终产生导水裂隙，那么水资源就会流失。寻找重复扰动区覆岩导水裂隙发育的控制方法也就是寻找隔水层内不产生导水裂隙的控制方法。

对于我国西北矿区第Ⅰ类浅埋近距煤层（上煤层基岩厚度＜60m），采用一次采全厚长壁采煤法开采煤层时，覆岩导水裂隙将贯通地表，造成水资源流失。针对此类浅埋近距煤层，在下煤层开采时，即使采用全采全充采煤法，也无法阻止水资源流失（前面模拟实验已经证明了这一点），除非对覆岩导水裂隙注浆封堵。对于第Ⅱ类浅埋近距煤层（上煤层基岩厚度＞60m），采用一次采全厚长壁采煤法开采煤层时，上煤层开采后，由于隔水层遇水膨胀作用的存在，覆岩导水裂隙终将不会贯通隔水层，而下煤层开采时，覆岩导水裂隙是否会贯通隔水层主要与采取的控制方法有关。因此，探索浅埋近距煤层覆岩导水裂隙发育的控制方法将针对第II类浅埋近距煤层开展。

浅埋近距煤层保水开采的控制思路及途径为：①从开采布局（上下煤层的采煤工作面内错布置和外错布置）入手，寻找下煤层开采后覆岩导水裂隙二次显著发育发生在最小区域的有效途径；②从开采方法、开采工艺和开采高度等开采参数入手，针对覆岩导水裂隙二次显著发育的区域（保水开采薄弱区），提出控制方法。

5.2.1　隔水层不产生导水裂隙的临界内、外错距

煤层开采会引起覆岩移动，充分采动条件下，采空区上方会地表沉陷，形成下沉盆地。在地表下沉盆地的主断面内，其边缘点至对应采空区边界点的连线与水平线的夹角称为岩层移动边界角。下沉盆地中央为平坦的无变形区，其边缘点至对应采空区边界点的连线与水平线的夹角称为岩层充分采动角[164]。对于浅埋近距煤层，可利用上下煤层开采时的岩层移动边界角和充分采动角来确定隔水层不产生导水裂隙的临界内、外错距。

1. 临界内错距 L_{lnc}

上下煤层采煤工作面采用内错布置方式时，如果下煤层开采后，上煤层开采边界附近的覆岩导水裂隙发育程度能够保持在原有稳定状态，不再继续发育，那么，此种条件下的内错距为临界内错距。煤层开采后其上覆岩层破断，形成岩层破断线。岩层破断线与水平线的夹角为岩层破断角，一般为60°～78°。而岩层破断角往往大于岩层充分采动角。

采用内错布置方式时，如果下煤层开采时的隔水层移动边缘点（岩层移动边界线与隔水层顶面的交点）位于上煤层开采后的隔水层下沉盆地无变形区内，则下煤层开采过程中不会引起上煤层开切眼侧的覆岩导水裂隙二次发育。浅埋近距煤层开采时，上下煤层采煤工作面临界内错布置示意如图5-4所示。

根据浅埋近距煤层采煤工作面临界内错距计算模型（图5-5），临界内错距 L_{lnc} 计算公式为

$$L_{\mathrm{lnc}} = (h_{\mathrm{xf}} - w_{\mathrm{sg}})\cot\psi_{\mathrm{s}} + (h_{\mathrm{xf}} + h_{\mathrm{cj}} - w_{\mathrm{sg}})\cot\delta_{\mathrm{x}} \tag{5-2}$$

式中，h_{xf} 为上煤层上方、含水层下方岩层的总厚度，m；ψ_{s} 为上煤层开采后的充分采动角，(°)；δ_{x} 为下煤层开采后的岩层移动边界角，(°)；w_{sg} 为上煤层开采时的隔水层的最大下沉值，m；h_{cj} 为浅埋近距煤层层间岩层厚度，m。

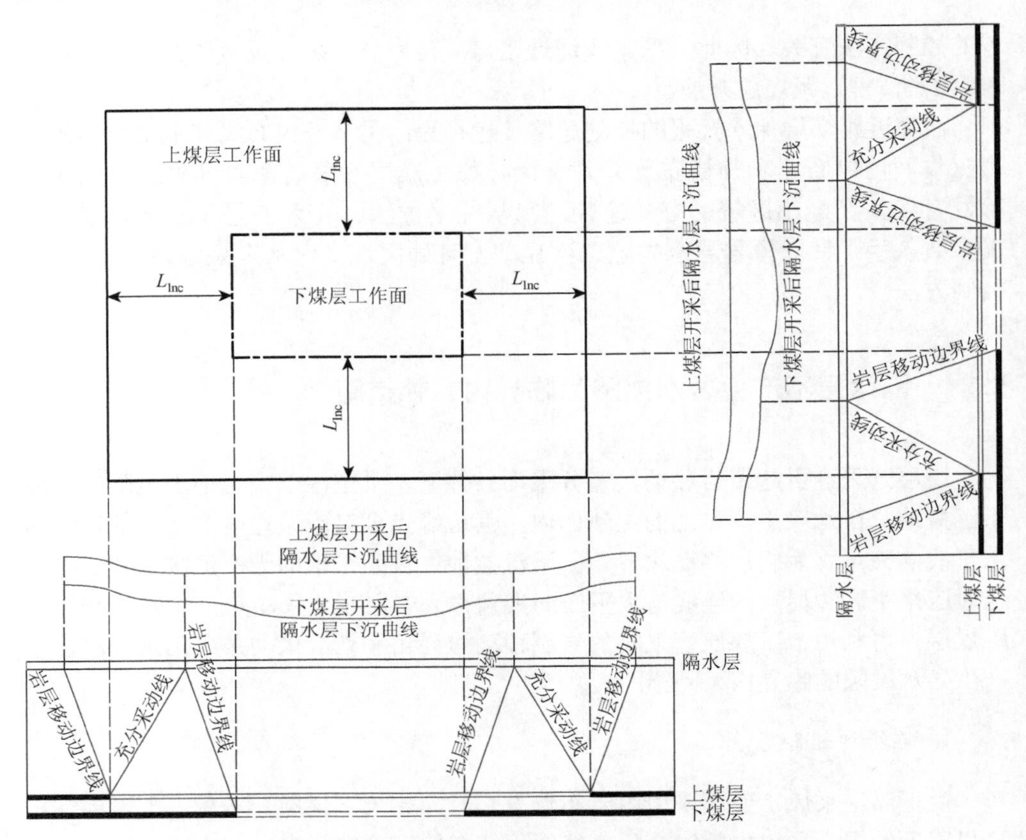

图 5-4　浅埋近距煤层下煤层工作面整体内错布置

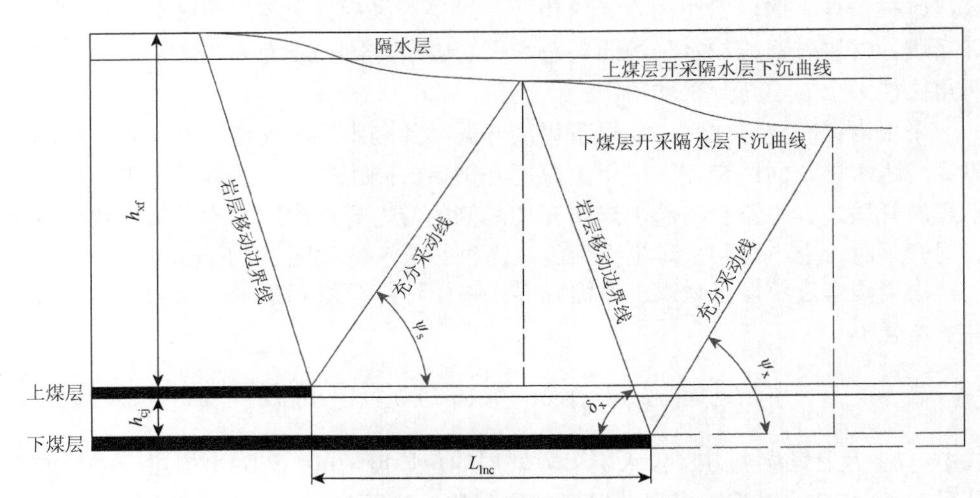

图 5-5　浅埋近距煤层下煤层工作面临界内错距计算模型

$\psi_{\rm x}$ 表示充分采动角

以方案六为例，$\psi_s = 60°$，$\delta_x = 73°$，$h_{cj} = 30m$，$h_{xf} = 78m$，$w_{sg} = 1.614m$。将相关参数代入式（5-2），得出 $L_{lnc} = 77.94m$。因此，当浅埋近距煤层下煤层开切眼内错于上煤层开切眼的距离大于临界内错距时，隔水层内就会不产生导水裂隙。

以方案六为例，建立了不同外错距条件下的数值模型，模拟结果如图 5-6 所示。

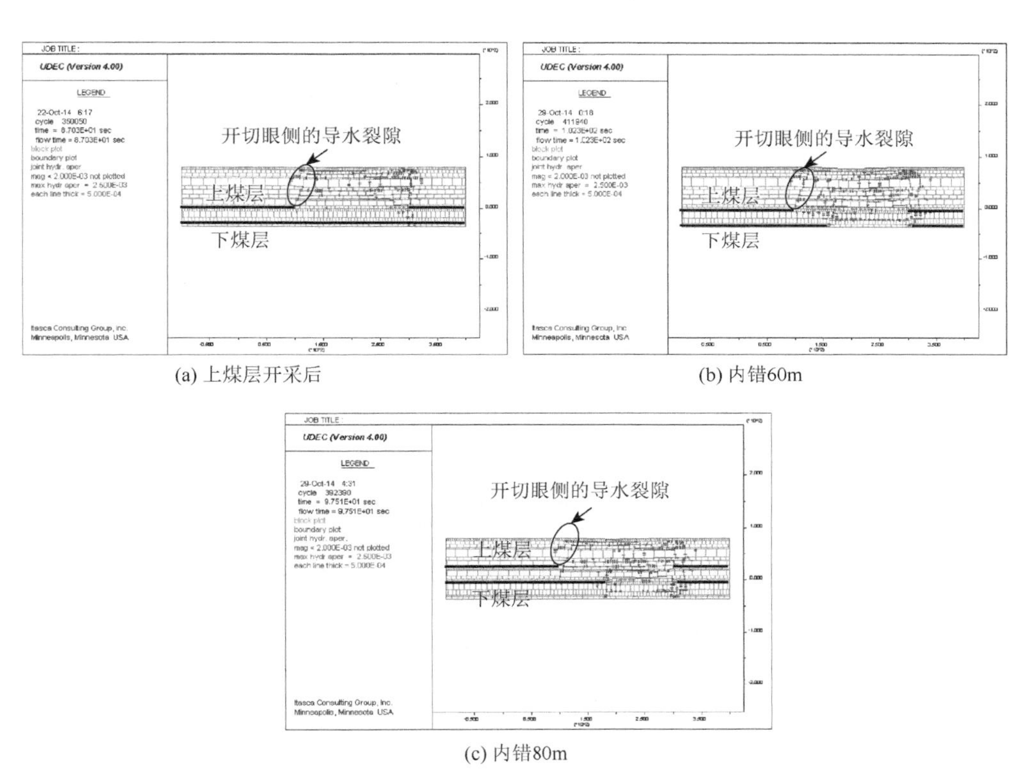

图 5-6　浅埋近距煤层不同内错距时的覆岩导水裂隙发育特征

由图 5-6 可知，随着内错距的增大，上煤层开切眼侧的导水裂隙二次发育程度逐渐减小。当内错距小于 80m 时，下煤层开采会引起开切眼侧的导水裂隙会二次发育；当内错距为 80m 时，开切眼侧的导水裂隙不受下煤层开采影响，没有二次发育，能够维持在上煤层开采后（下煤层开采前）的原有稳定状态。

2. 临界外错距 L_{lwc}

浅埋近距煤层下煤层工作面整体外错布置示意如图 5-7 所示。当浅埋近距煤层采用外错布置方式时，如果下煤层开采后的隔水层下沉盆地无变形区边缘点位

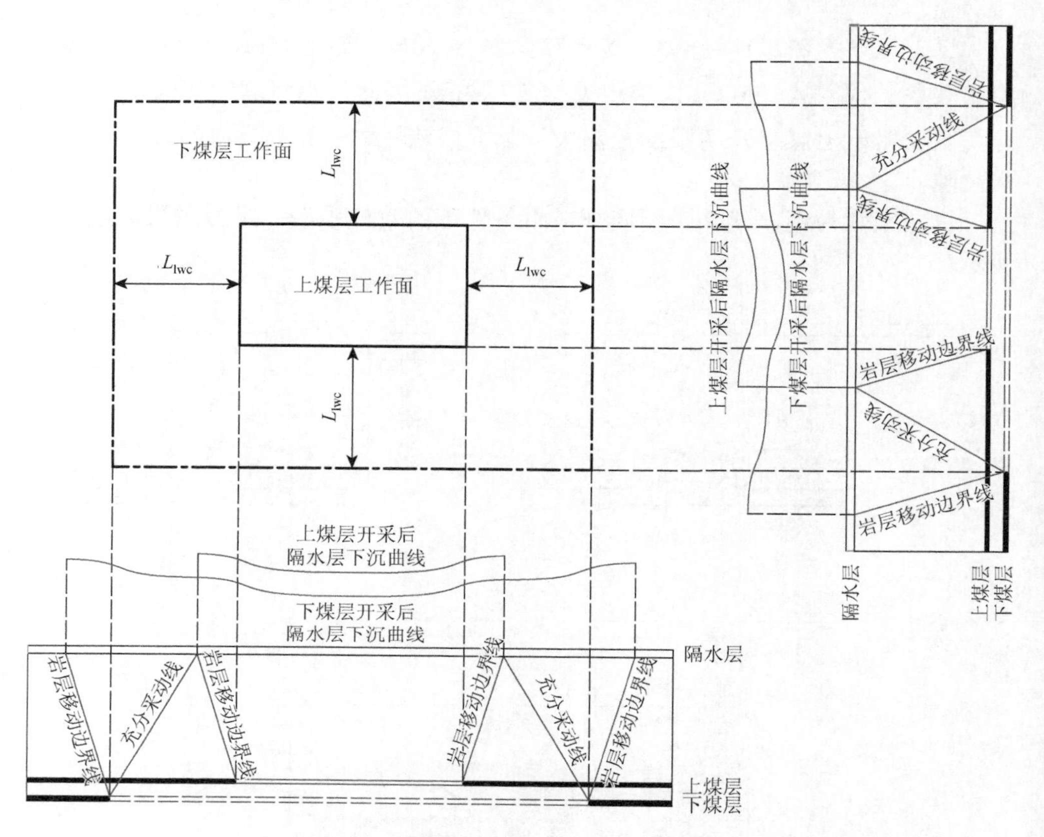

图 5-7 浅埋近距煤层下煤层工作面整体外错布置

于上煤层开采时的隔水层移动边缘点（岩层移动边界线与隔水层顶面的交点）以外，则下煤层开采时不会引起上煤层开切眼侧的覆岩导水裂隙二次发育。

浅埋近距煤层临界外错距计算模型如图 5-8 所示，得出临界外错距的计算公式为

$$L_{lwc} = (h_{cj} + M_s + h_{xf})\cot\psi_x + h_{xf}\cot\delta_s \tag{5-3}$$

式中，h_{cj} 为层间岩层厚度，m；M_s 为上煤层厚度，m；ψ_x 为下煤层开采时的充分采动角，(°)；δ_s 为上煤层开采时的岩层移动边界角，(°)。

以方案六为例，将 $\delta_s = 73°$，$\psi_x = 60°$，$M_s = 2.5\text{m}$，$h_{cj} = 30\text{m}$，$h_{xf} = 78\text{m}$，代入式（5-3），得出 $L_{lwc} = 87.77\text{m}$。当外错距大于临界外错距时，隔水层内不会产生导水裂隙。

以方案六为例，建立了不同外错距的数值模型，模拟结果如图 5-9 所示。

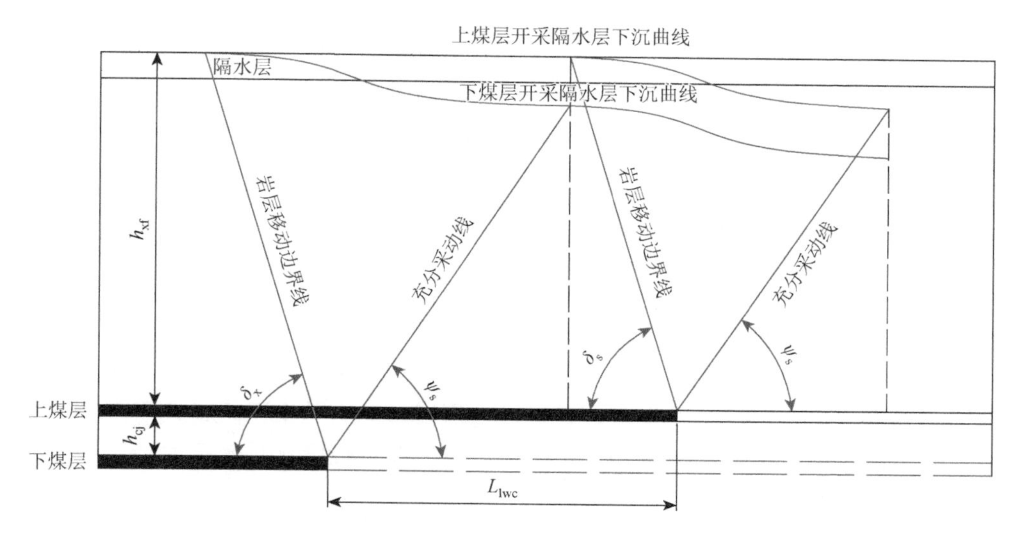

图 5-8　浅埋近距煤层下煤层工作面临界外错距计算模型

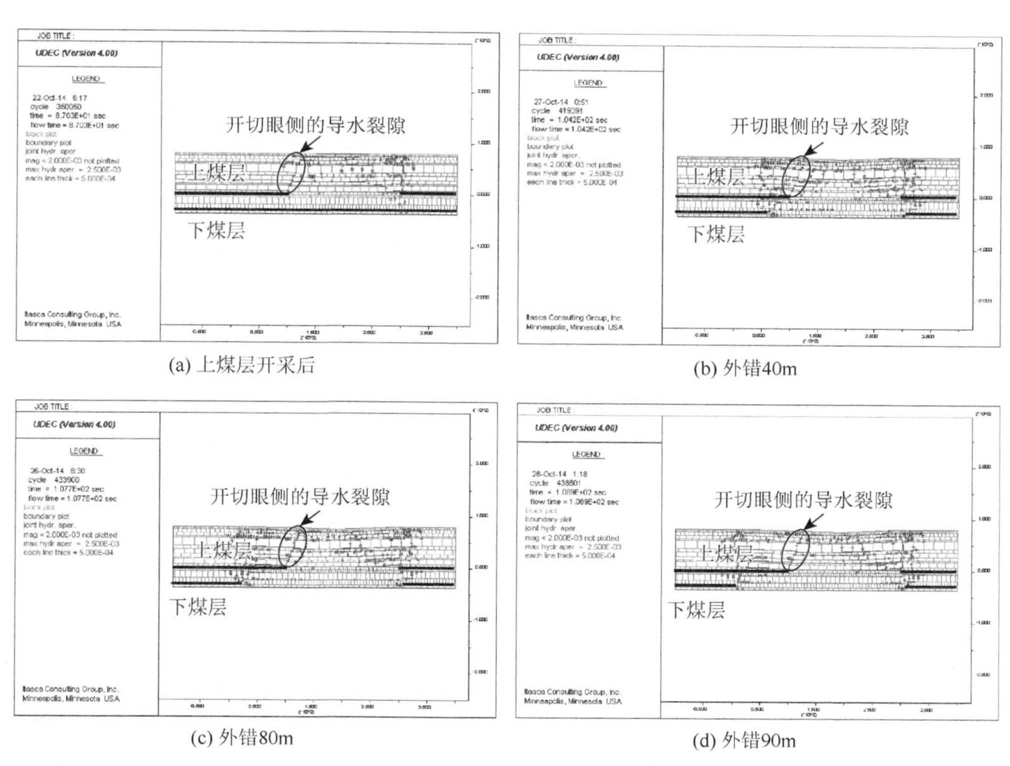

(a) 上煤层开采后　(b) 外错40m

(c) 外错80m　(d) 外错90m

图 5-9　浅埋近距煤层不同外错距时的导水裂隙发育特征

随着外错距的增大，上煤层开切眼侧的覆岩导水裂隙发育程度逐渐减小。当外错距小于 90m 时，下煤层开采会引起上煤层开切眼侧的导水裂隙二次发育；而当外错距大于 90m 时，上煤层开切眼侧的导水裂隙不会受下煤层开采影响，但下煤层开采边界附近覆岩内产生了新的导水裂隙。

5.2.2 内错布置开采方式条件下的临界层采比

层采比是针对近距煤层开采提出的，其含义为层间岩层厚度与下煤层开采高度之比，即 $\eta = h_{cj}/M_x$。

当采用外错布置方式时，浅埋近距煤层下煤层开采过程中的覆岩导水裂隙发育问题可视为单一煤层（下煤层）开采进行研究。而有的情况下，由于受生产地质条件制约，需采用内错布置方式，那么，就需要进行隔水层不产生导水裂隙的临界层采比研究。

1. 隔水层不产生导水裂隙时的最大下沉值的最小值

根据前面相似模拟实验分析可知，隔水层裂隙宽度与其最大下沉值的关系式为

$$d = 0.9273\ln w + 0.7463 \tag{5-4}$$

侧向约束膨胀实验测出的非亲水隔水层材料的 $L_{pz} = 0.605$mm，为保证水资源不流失，则 $d_{dx} \geqslant 0$，即 $d > 2L_{pz} = 1.210$mm。将其代入式（5-4）可得

$$w_{lj} \leqslant 1.649\text{m}$$

因此，即 $w_{lj} = 1.649$m 为隔水层不产生导水裂隙时的最大下沉值的最小值。当 $w_{lj} > 1.649$m 时，隔水层内会产生导水裂隙。

2. 隔水层不产生导水裂隙的临界层采比 η_{lj}

浅埋近距煤层采用内错布置方式，内错距大于临界内错距 L_{lnc} 时，下煤层开采引起覆岩移动和裂隙发育的区域位于上煤层开采后的下沉盆地无变形区内，也就是说下煤层开采重复扰动区内的岩层在下煤层开采前处于水平状态，硬岩层破断成块相互挤压闭合，水平排列，而软岩隔水层没有发生水平拉伸变形，未产生导水裂隙。

隔水层内是否产生导水裂隙，除与自身的物理力学性质和水理性质有关外，主要与其下方有效下沉空间高度有关。而决定有效下沉空间高度的因素为下伏岩层厚度及其残余碎胀系数。根据已有研究成果，对于近距煤层，在下煤层开采后，上煤层开采垮落带内的岩层的残余碎胀系数会变小，但幅度不大，而上煤层开采断裂带内的岩层会进入垮落带，残余碎胀系数会变大，但幅度也不是很大。整体来说，下煤层开采后，上煤层覆岩的残余碎胀系数可视为不变，而浅埋近距煤层

也符合这一规律。因此，对于浅埋近距煤层，内错距大于临界内错距 L_{lnc} 时，下煤层可视为单一煤层开采，其上覆岩层厚度为煤层间距。则内错布置方式条件下，隔水层不产生导水裂隙的临界条件为

$$w_{lj} \geqslant M_x - h_{cj}(\overline{k_{cc}}-1) = M_x[1-\eta_{lj}(\overline{k_{cc}}-1)] \tag{5-5}$$

式中，$\overline{k_{cc}}$ 为层间岩层的平均残余碎胀系数。

得出隔水层不产生导水裂隙的临界层采比为

$$\eta_{lj} = \frac{M_x - w_{lj}}{M_x(\overline{k_{cc}}-1)} \tag{5-6}$$

同时根据式（5-5），也可确定隔水层不产生导水裂隙时下煤层的合理开采高度为

$$M_{hx} \leqslant w_{lj} + h_{cj}(\overline{k_{cc}}-1) \tag{5-7}$$

5.2.3　重复扰动区覆岩导水裂隙控制方法

根据浅埋近距煤层工作面开采布局特点，提出水资源易流失区域（保水开采薄弱区）的消除法、转移法和局部处理方法，控制浅埋近距煤层保水开采薄弱区覆岩导水裂隙二次发育。以下分别对各种方法进行阐述。

1. 水资源易流失区域（保水开采薄弱区）的消除法

水资源易流失区域的消除法示意如图 5-10 所示。

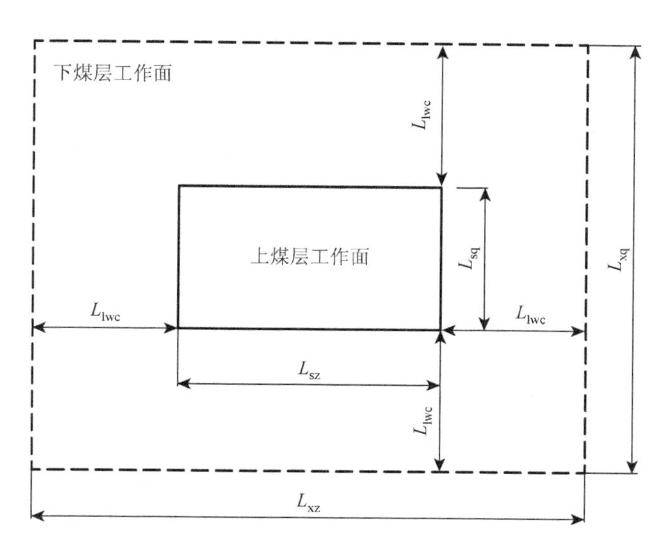

图 5-10　水资源易流失区域的消除法

上煤层开采后，覆岩内产生导水裂隙，且易发生渗流的区域主要集中在开采边界附近。下煤层开采过程中，如果内、外错距都较小，必然会引起上煤层开采边界附近的覆岩导水裂隙受多次采动重复扰动而二次发育。为控制水资源易流失区域的导水裂隙二次发育，提出整体外错布置的方法。即采用整体外错布置方式（外错距大于临界外错距），保证上煤层开采后覆岩内产生导水裂隙的区域整体下沉，使上煤层开采后形成的导水裂隙在下煤层开采后不会二次发育，保持在下煤层开采前的原有状态。同时，下煤层开采过程中，需加快工作面推进速度（15m/d 以上），且在开采边界附近进一步提高工作面推进速度，使覆岩内的导水裂隙快速张开并快速闭合。

2. 水资源易流失区域（保水开采薄弱区）的转移法和局部处理法

水资源易流失区域的转移法示意如图 5-11 所示。

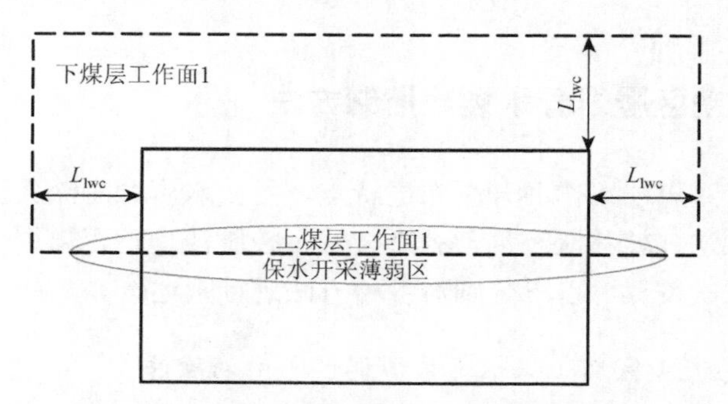

图 5-11　水资源易流失区域的转移法

工作面倾向长度一般不超过 400m，如果上煤层工作面倾向长度较大，下煤层开采时无法采用整体外错布置方式或采用整体外错布置方式无法消除水资源易流失区域时，可采用水资源易流失区域的转移法和局部处理法。

水资源易流失区域的转移法：开采浅埋近距煤层时，采用内、外错联合布置方式（上、左、右边界采用外错布局方式，下边界采用内错布置方式，如图 5-11 所示），上煤层开采后，水资源易流失区域集中在开采边界附近；下煤层开采后，该水资源易流失区域由开采边界转移到采空区中部，且在上煤层开采边界与下煤层开采边界交接处附近形成水资源易流失的高发区域。

如果层采比 η 大于临界层采比 η_{lj}，采用水资源易流失区域转移法后，采空区中部二次发育的导水裂隙不会贯通隔水层，无须采取措施，但在水资源易流失的高发区域可采取相应的措施。如果层采比 η 小于临界层采比 η_{lj}，那么采用水资源易流失区域转移法后，采空区中部的危险区域，包括上煤层开采边界与下煤层开采边界交汇处，都会成为水资源易流失的区域，必须采取措施。

水资源易流失区域的局部处理法，主要包括降低采高或对覆岩导水裂隙进行注浆充填封堵等方法。除以上局部处理方法外，从开采布局和开采方法入手，提出一分为二、窄区段煤柱错开同采法（图 5-12）。其内涵为：①上煤层工作面倾向长度较大，下煤层仍采用整体外错布置方式，但将一个下煤层工作面设计成两个工作面；②两工作面之间的区段煤柱设计成窄煤柱（3～5m），确保下煤层工作面开采后窄煤柱被压塑，不具有承载能力；③下煤层工作面 1 与下煤层工作面 2 错开同步开采，开采错距 L_{kc} 应足够大，避开下煤层工作面 2 的超前支承压力影响。最终实现下煤层工作面 1 和下煤层工作面 2 开采后，上煤层工作面覆岩内形成导水裂隙的区域整体下沉，使其覆岩导水裂隙发育程度保持在下煤层开采前的原有状态。

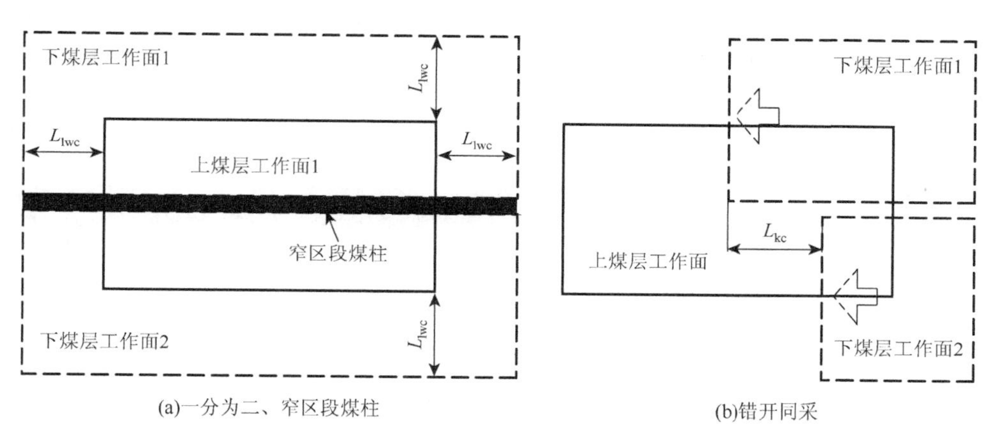

图 5-12　一分为二、窄区段煤柱错开同采法

一分为二、窄区段煤柱错开同采法的关键技术参数之一是开采错距 L_{kc}，其值由下煤层工作面 2 的超前支承压力影响范围决定。工作面开采后，其前方支承压力分为应力增高区、应力降低区和原岩应力区[134]，其中应力增高区和应力降低区构成了工作面超前支承压力影响范围。

根据弹塑性理论，极限平衡区宽度（支承压力峰值点距煤壁的距离）x_0 为[165]

$$x_0=\frac{M}{2f}\frac{1+\sin\phi}{1-\sin\phi}\ln\left(\frac{K\gamma H}{\tau_0\cot\phi}\frac{1-\sin\phi}{1+\sin\phi}\right) \tag{5-8}$$

弹性区的范围（支承压力峰值点到原岩应力临界点的距离）x_1 为[165]

$$x_1=\frac{M\beta}{2f}\ln K \tag{5-9}$$

式中，f 为层间的摩擦系数；ϕ 为煤体内摩擦角；τ_0 为煤体内剪应力；K 为应力集中系数；β 为侧压系数。

因此，为消除下煤层工作面 1 和下煤层工作面 2 开采过程中的相互影响，开采错距应满足的条件为 $L_{kc}\geqslant x_0+x_1$。

工作面顶板初次破断时初次来压步距较大，来压非常强烈。尽管开采错距满足 $L_{kc} \geqslant x_0 + x_1$，但初次来压步距可能会大于 L_{kc}，因此，采用一分为二、窄区段煤柱错开同采法时，应待下煤层工作面 1 初次来压后，再开采下煤层工作面 2；之后需加快下煤层工作面 2 的推进速度，使下煤层工作面 1 和下煤层工作面 2 的开采错距尽快达到设计要求，保障两个工作面正常错开同采。

5.3　开采边界台阶式局部充填法

煤层开采过程中开采边界附近（保水开采薄弱区）的覆岩导水裂隙最为发育。在煤层间距较小或下煤层开采高度较大条件下，浅埋近距煤层下煤层开采过程中开采边界附近的覆岩导水裂隙会二次发育，渗流导水，如图 5-13 所示。

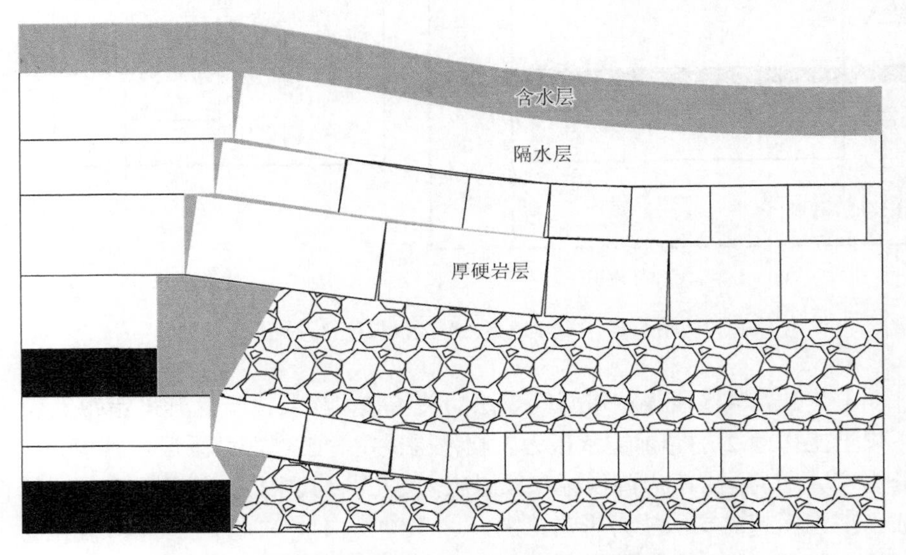

图 5-13　下煤层开采过程中覆岩导水裂隙渗流导水

煤层间距属于地质参数，是客观存在的，而采高属于开采参数，可以人为改变。人为降低采高，会造成煤炭资源浪费。为达到降低采高的目的，可以采用充填开采的方法，煤层整层开采后充填部分采空区，控制浅埋近距煤层下煤层开采过程中开采边界附近的覆岩导水裂隙二次发育。

5.3.1　方法原理

煤层开采后，覆岩的不同步下沉导致了导水裂隙的产生。尤其是隔水层，当其不同步下沉程度较大且在其遇水膨胀作用不足以使隔水层裂隙弥合的情况下就会产生导水裂隙。保证了隔水层不产生导水裂隙，就等于实现了浅埋近距煤层保水开采。

浅埋近距煤层下煤层开采过程中，自开采边界向采空区中部设计若干个充填台阶分段控制或改变隔水层的不同步下沉程度，也就是分段控制或改变下煤层开采过程中隔水层的下沉变化曲线，保证隔水层不产生导水裂隙。该方法中，采煤与充填平行作业，可采用固体充填和膏体充填相结合的方法[166, 167]，实现充填台阶的施工。开采边界台阶式局部充填法示意如图 5-14 所示。

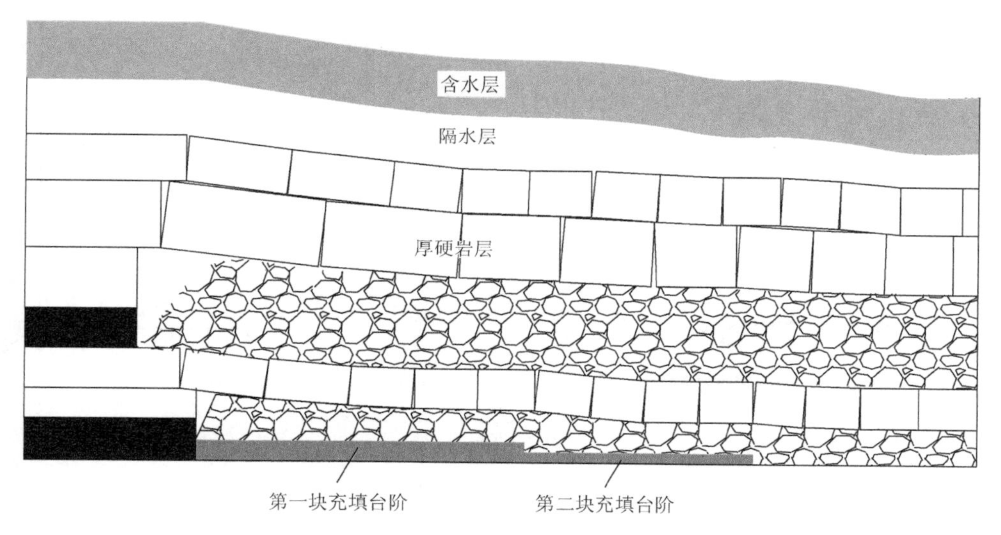

图 5-14　开采边界台阶式局部充填法

5.3.2　充填台阶参数

1. 充填台阶长度

煤层开采后，开采边界附近的覆岩导水裂隙主要集中在岩层移动边界线和充分采动线之间。在此范围内，如果下煤层开采后隔水层的最大下沉值未达到其产生导水裂隙时的最大下沉值的最小值，那么隔水层内就不会产生导水裂隙。

采用台阶式充填法控制裂隙发育时，为了减少充填量，可以尽量减小充填台阶长度。基于此目的，以煤层开采后覆岩充分采动线在隔水层顶面以下的部分在下煤层走向方向上的投影长度作为充填台阶长度的一部分或全部。当下煤层开采边界外错于上煤层开采边界的距离 $L_{wc}=(h_{cj}+M_s)\cot\psi_x$ 时，上煤层开采后的覆岩充分采动线与下煤层开采后的覆岩充分采动线重合。

当$L_{wc} \leqslant (h_{cj}+M_s)\cot\psi_x$时，充填台阶长度计算模型如图 5-15（a）所示，其计算公式为

$$L_{ct}=(h_{xf}+h_{cj}-w_{sg})\cot\delta_x+(h_{xf}+h_{cj}-w_{sg})\cot\psi_s \tag{5-10}$$

当$L_{wc} > (h_{cj}+M_s)\cot\psi_x$时，充填台阶长度计算模型如图 5-15（b）所示，其计算公式为

$$L_{ct}=L_{wc}+(h_{xf}-w_{sg})\cot\psi_s+(h_{xf}+h_{cj}-w_{sg})\cot\delta_x \tag{5-11}$$

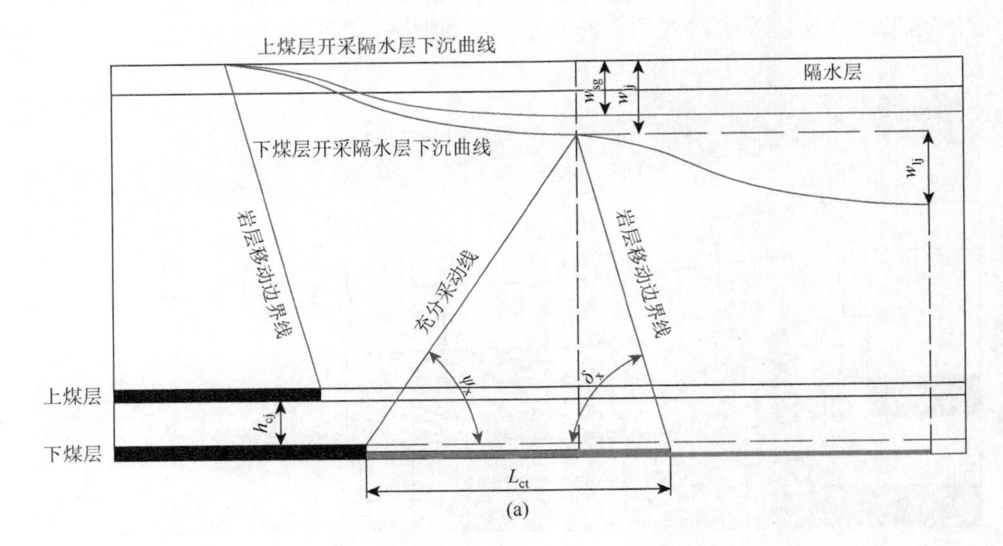

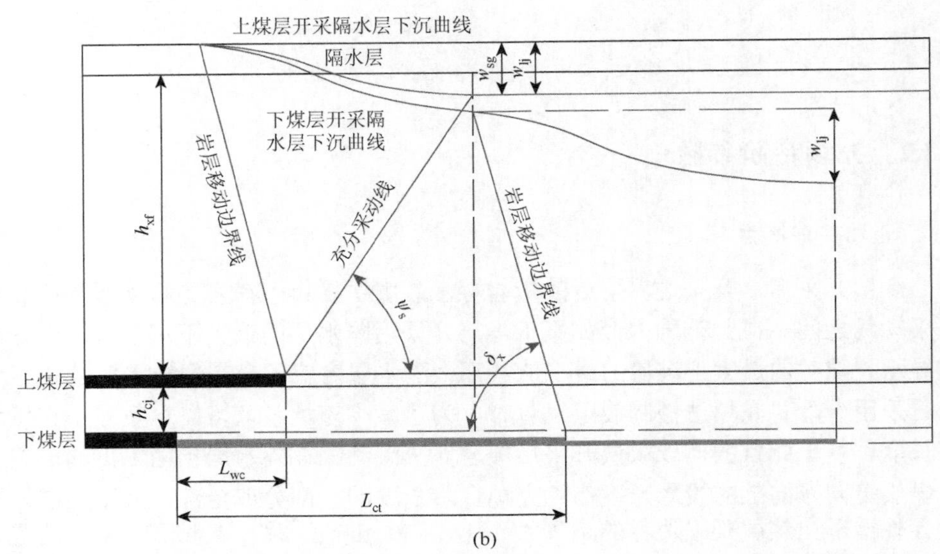

图 5-15 充填台阶参数计算模型

2. 充填台阶高度

前面已经得到了隔水层不产生导水裂隙时的最大下沉值的最小值 w_{lj}，那么，当下煤层开采过程中隔水层的最大下沉值小于 w_{lj} 时，隔水层就不会产生导水裂隙。

1）第 1 个充填台阶的高度

上煤层开采后，隔水层的最大下沉值已经达到了 w_{sg}，则隔水层不产生导水裂隙时下煤层的合理开采高度的最大值为

$$M_{hx}^{1} = w_{lj} - w_{sg} + h_{cj}(\overline{k_{cc}} - 1) \tag{5-12}$$

（1）当下煤层设计开采高度 $M_{sx} \leqslant M_{hx}^{1}$ 时，隔水层不会产生导水裂隙，则无须充填；

（2）当下煤层设计开采高度 $M_{sx} > M_{hx}^{1}$ 时，则充填台阶高度为

$$h_{ct1} = M_{sx} - M_{hx}^{1} = M_{sx} - (w_{lj} - w_{sg}) - h_{cj}(\overline{k_{cc}} - 1) \tag{5-13}$$

2）第 i 个充填台阶的高度（$i \geqslant 2$，且为整数）

隔水层不产生导水裂隙时下煤层的合理开采高度的最大值为

$$M_{hx}' = w_{lj} + h_{cj}(\overline{k_{cc}} - 1) \tag{5-14}$$

（1）如果第 1 个充填台阶的高度 $h_{ct1} \leqslant M_{hx}'$，隔水层不会产生导水裂隙，则无须充填；

（2）如果第 1 个充填台阶的高度 $h_{ct1} > M_{hx}'$，则需进行第 2 个充填台阶的施工，那么第 2 个充填台阶高度为

$$h_{ct2} = h_{ct1} - M_{hx}' \tag{5-15}$$

（3）如果第 i–1 个充填台阶的高度 $h_{ct(i-1)} > M_{hx}'$，则需进行第 i 个充填台阶的施工，那么第 i 个充填台阶高度为

$$\begin{aligned} h_{cti} = h_{ct(i-1)} - M_{hx}' = h_{ct1} - (i-1)M_{hx}' = M_{sx} - (w_{lj} - w_{sg}) - h_{cj}(\overline{k_{cc}} - 1) \\ - (i-1)[w_{lj} + h_{cj}(\overline{k_{cc}} - 1)] \end{aligned} \tag{5-16}$$

（4）如果第 i 个充填台阶的高度 $h_{cti} \leqslant M_{hx}'$，隔水层不会产生导水裂隙，无须充填，充填作业终止。

3. 充填台阶个数

当第 i 个充填台阶的高度 $h_{cti} \leqslant M_{hx}'$ 时，隔水层不会产生导水裂隙，无须充填。则 $h_{cti} = h_{ct(i-1)} - M_{hx}' \leqslant M_{hx}'$。

$$M_{sx}-(w_{lj}-w_{sg})-h_{cj}(\overline{k_{cc}}-1)\ -i[w_{lj}+h_{cj}(\overline{k_{cc}}-1)]\leqslant 0$$

得出

$$i\geqslant\frac{M_{sx}-(w_{lj}-w_{sg})-h_{cj}(\overline{k_{cc}}-1)}{w_{lj}+h_{cj}(\overline{k_{cc}}-1)}$$

i 的最小值为充填台阶个数。

4. 算例

以方案六为例，$\psi_s=60°$，$\delta_x=73°$，$h_{cj}=30\text{m}$，$h_{xf}=78\text{m}$，$w_{sg}=1.614\text{m}$，$w_{lj}=1.649\text{m}$，$M_{sx}=3.0\text{m}$，$\overline{k_{cc}}$ 取 1.03。此方案中，下煤层开切眼与上煤层开切眼采用内错布置方式，相关参数取值代入式（5-10）得出充填台阶长度 $L_{ct}=93.2\text{m}$。相关参数代入式（5-12）得出 $M_{hx}^{1}=0.911\text{m}$。因为 $M_{sx}>M_{hx}$，则需进行第 1 个充填台阶施工，代入式（5-13）得出第 1 个充填台阶设计高度 $h_{ct1}=2.089\text{m}$。相关参数代入式（5-14）得出 $M'_{hx}=2.525\text{m}$。因 $h_{ct1}\leqslant M'_{hx}$，则无须进行第 2 个充填台阶施工。

因此，充填台阶长度 $L_{ct}=93.2\text{m}$，充填台阶高度 $h_{ct1}=2.089\text{m}$，充填台阶个数 $i=1$。

5.4 采（盘）区工作面布置

煤矿开采需进行采区或盘区设计，采区或盘区工作面布置涉及多个采煤工作面开采。为实现浅埋近距煤层保水开采，可对采区或盘区采煤工作面布置和开采顺序进行合理设计，使下煤层采区或盘区整体外错布置，达到控制下煤层开采覆岩导水裂隙二次发育的目的。

5.4.1 单翼采（盘）区工作面布置

1. 工作面布置

以上煤层的一个采区或盘区内有 3 个采煤工作面为例，进行下煤层采区或盘区工作面布置设计。神东矿区石圪台煤矿浅埋近距煤层的采煤工作面倾向长度一般在 300m 左右，根据现有的采煤工作面开采技术水平，要保证上煤层采区内的一个采煤工作面实现保水开采，可以采用一分为二、窄区段煤柱错开同采法。上煤层工作面用上$_1$、上$_2$、上$_3$表示，下煤层工作面用下$_1$、下$_2$、下$_3$和下$_4$表示。单翼采区或盘区工作面布置示意如图 5-16 所示。

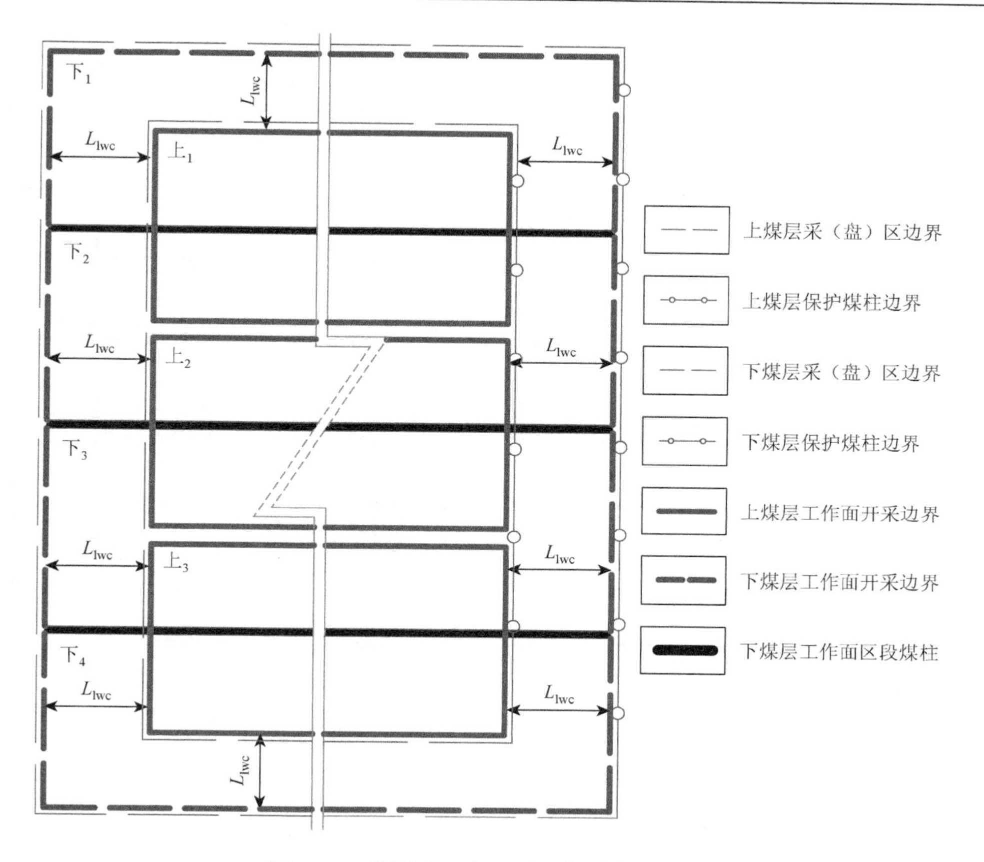

图 5-16 单翼采（盘）区工作面布置示意

2. 下煤层工作面开采顺序

为尽量减小浅埋近距煤层下煤层开采后保水开采薄弱区的范围，以下煤层采（盘）区内相邻的两个采煤工作面为一组，采用一分为二、窄区段煤柱错开同采法进行开采，依次分组开采采（盘）区内的工作面。下煤层工作面的开采顺序为：先开采下$_1$和下$_2$，然后开采下$_3$和下$_4$，如图 5-17 所示。

3. 保水开采薄弱区的局部处理法

图 5-17 中，对于下煤层开采后的保水开采薄弱区在下$_2$和下$_3$工作面开采过程中，可采用对覆岩导水裂隙进行注浆充填封堵的方法，或者在下$_2$工作面下边界和下$_3$工作面上边界采用开采边界台阶式局部充填法（如图 5-18 所示，具体方法和工艺参数设计见前面分析），实现浅埋近距煤层保水开采。

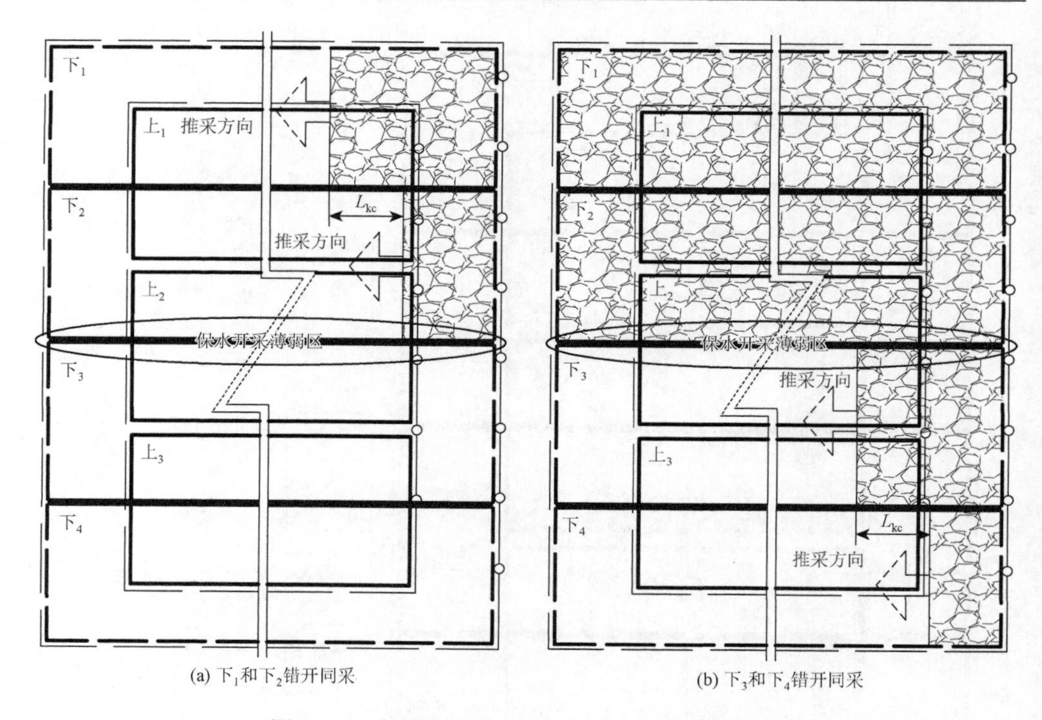

图 5-17　单翼采（盘）区下煤层工作面开采顺序

5.4.2　双翼采（盘）区工作面布置

1. 工作面布置

以上煤层的每个采（盘）区内有 3 个采煤工作面为例，进行下煤层采（盘）区工作面布置设计。上煤层一采（盘）区工作面用上$_{11}$、上$_{12}$、上$_{13}$表示，二采（盘）区的工作面用上$_{21}$、上$_{22}$、上$_{23}$表示；下煤层一采（盘）区工作面用下$_{11}$、下$_{12}$、下$_{13}$和下$_{14}$表示，二采（盘）区工作面用下$_{21}$、下$_{22}$、下$_{23}$和下$_{24}$表示。对于双翼采（盘）区，上下煤层的采区上山（或盘区大巷）在水平面上的投影不重合时，双翼采（盘）区工作面布置示意如图 5-19 所示。若上下煤层的采区上山或盘区大巷在水平面上的投影重合，以及上下煤层的上山（或盘区大巷）保护煤柱边界也重合，且下煤层的采（盘）区边界与上煤层的采（盘）区边界外错距达到了临界外错距，双翼采（盘）区工作面布置示意如图 5-20 所示。

2. 下煤层工作面开采顺序

为了尽量减小浅埋近距煤层保水开采薄弱区的范围，依然以下煤层采（盘）

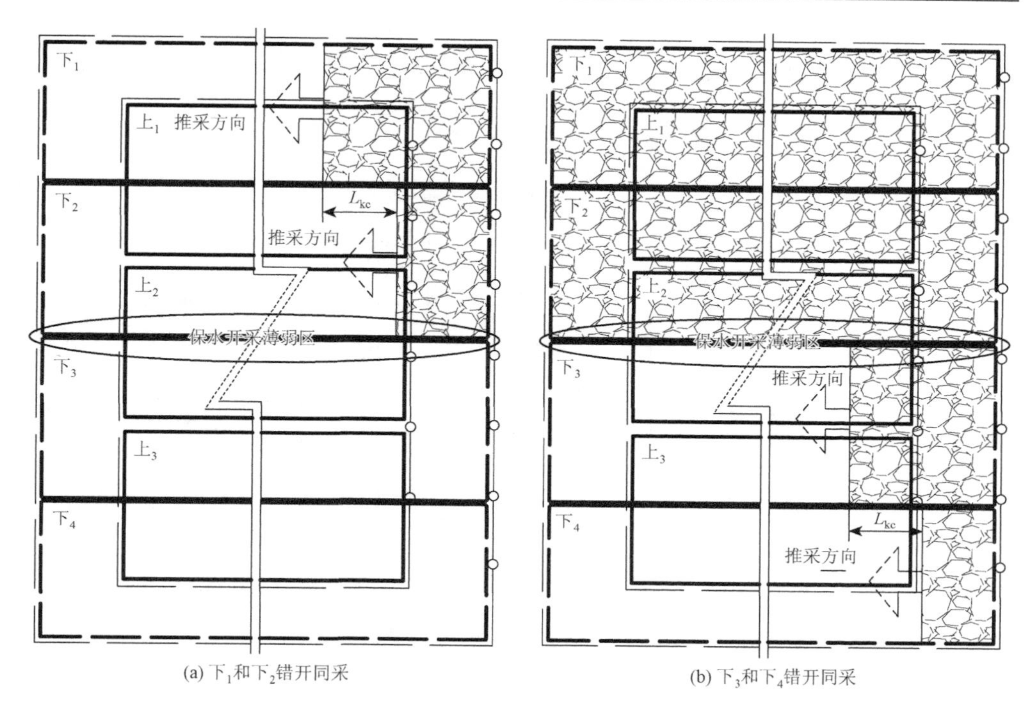

图 5-18 下煤层单翼采（盘）区保水开采薄弱区的局部充填

区内相邻的两个采煤工作面为一组，采用一分为二、窄区段煤柱错开同采法，依次分组交替开采双翼采（盘）区内的工作面。下煤层工作面的开采顺序为：下$_{11}$和下$_{12}$→下$_{21}$和下$_{22}$→下$_{13}$和下$_{14}$→下$_{23}$和下$_{24}$，如图 5-21 所示。

3. 保水开采薄弱区的局部处理法

保水开采薄弱区集中在上山（或盘区大巷）保护煤柱边界，以及下$_{12}$工作面下边界、下$_{13}$工作面上边界、下$_{22}$工作面下边界和下$_{23}$工作面上边界（图 5-20）。这些区域除了都可采用对覆岩导水裂隙进行注浆充填封堵的方法外，也可采用开采边界台阶式局部充填法。例如，上煤层工作面开采过程中，在上煤层采（盘）区上山（或盘区大巷）保护煤柱边界附近进行局部充填，之后在下煤层工作面开采过程中再对其他保水开采薄弱区进行局部充填（图 5-22）；或者在下煤层工作面开采过程中对保水开采薄弱区进行局部充填（图 5-21）。

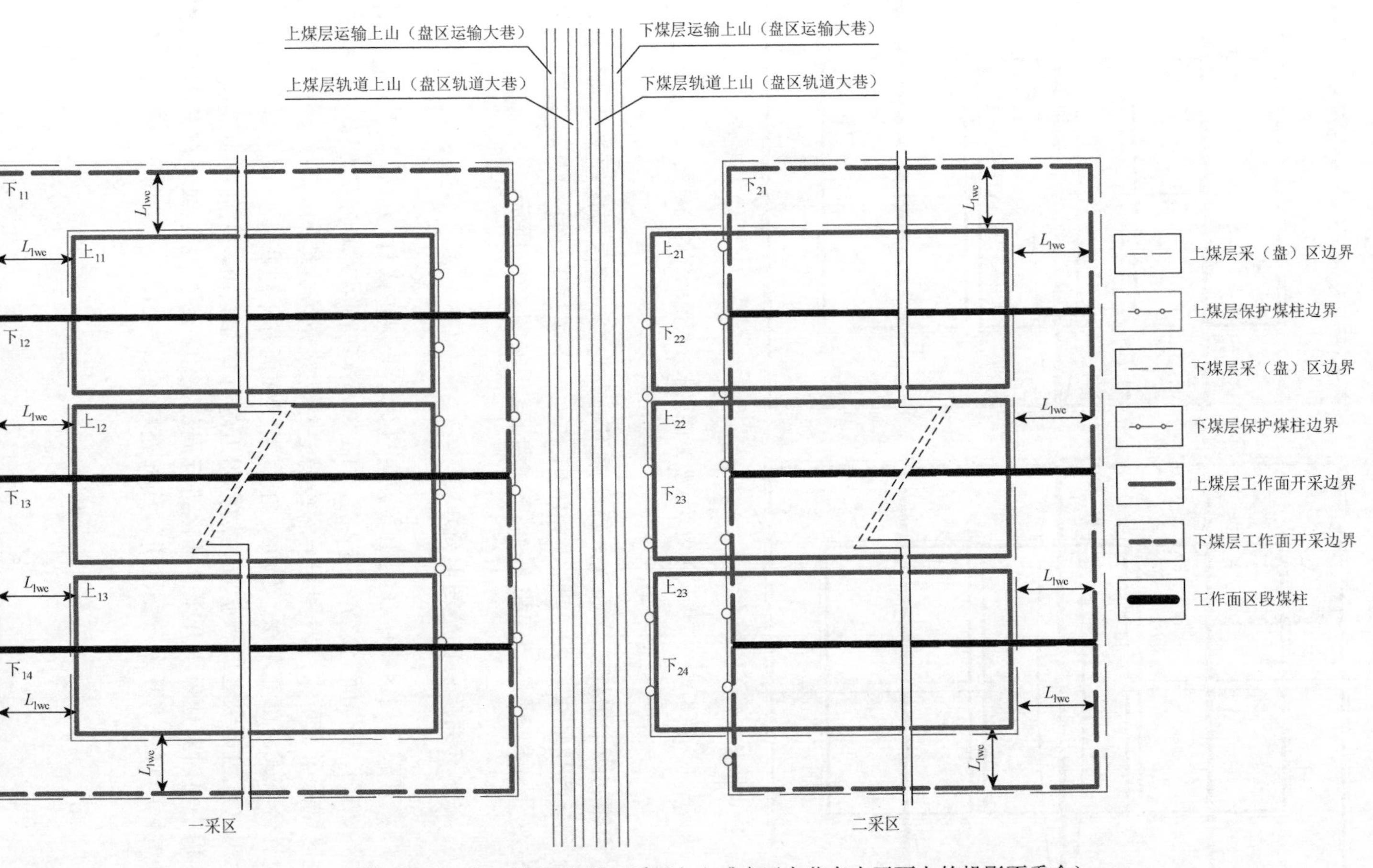

图 5-19　双翼采（盘）区工作面布置（采区上山或盘区大巷在水平面上的投影不重合）

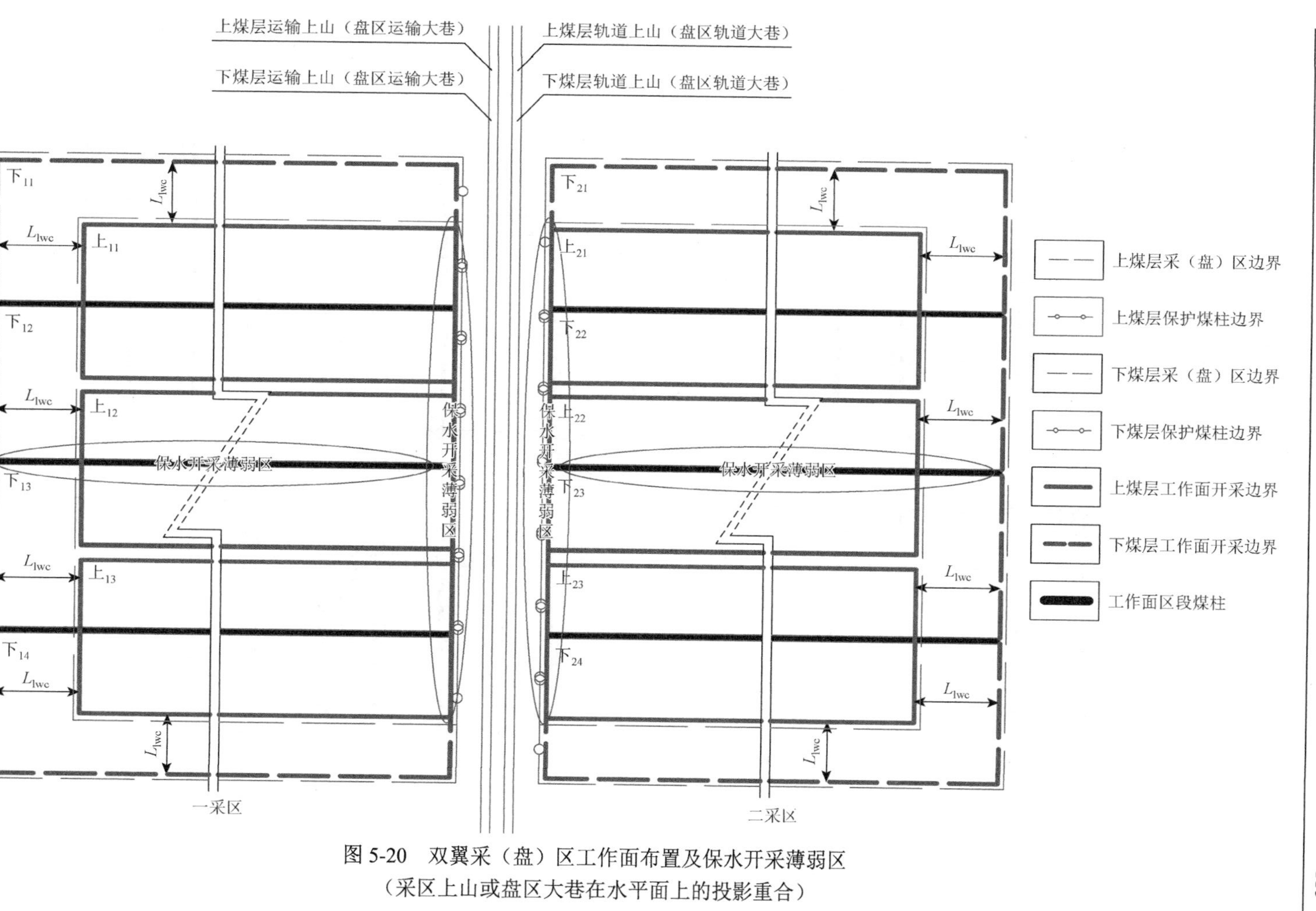

图 5-20 双翼采（盘）区工作面布置及保水开采薄弱区
（采区上山或盘区大巷在水平面上的投影重合）

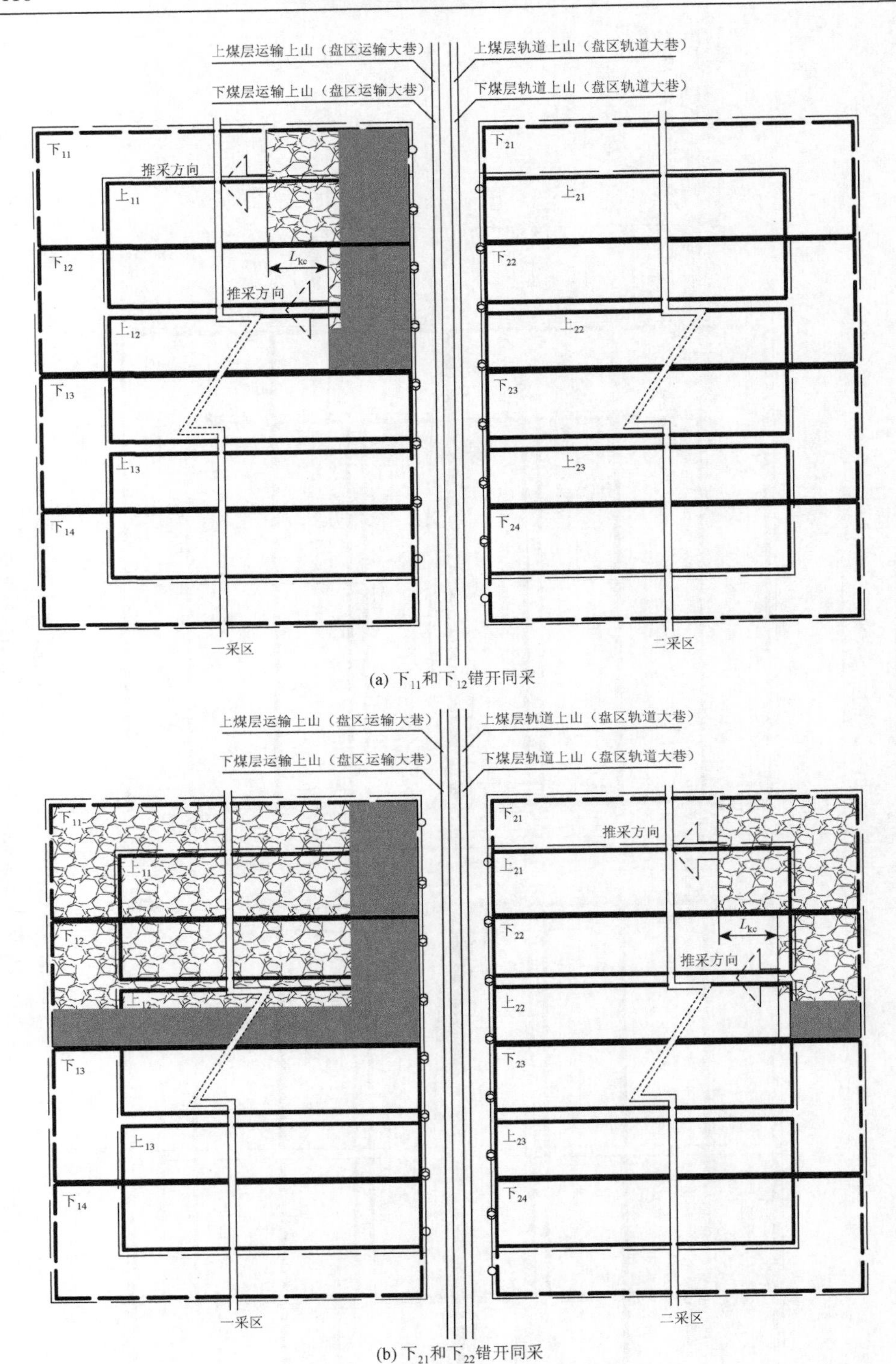

(a) 下11和下12错开同采

(b) 下21和下22错开同采

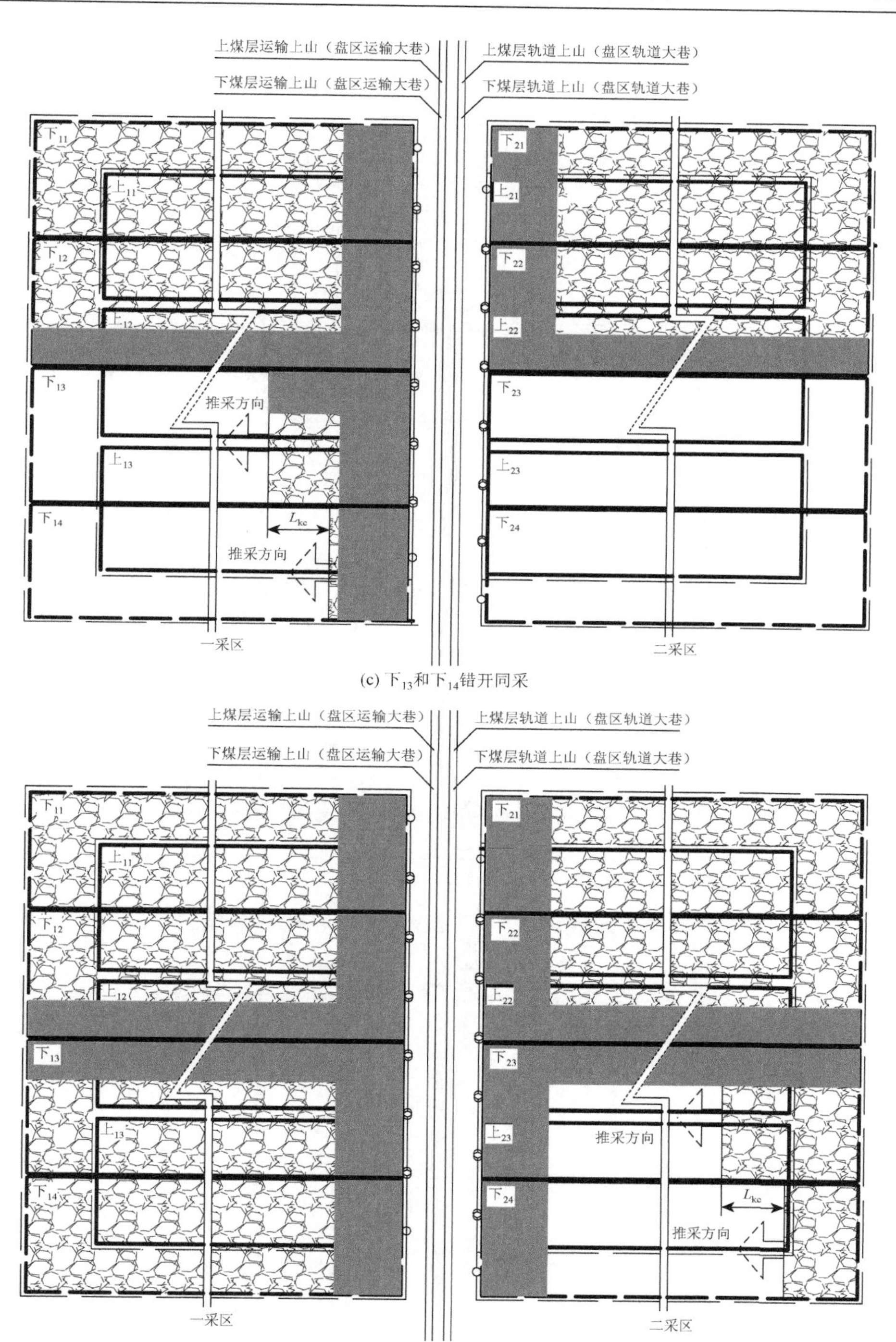

(c) 下$_{13}$和下$_{14}$错开同采

(d) 下$_{23}$和下$_{24}$错开同采

图 5-21 下煤层双翼采（盘）区工作面开采顺序及局部充填

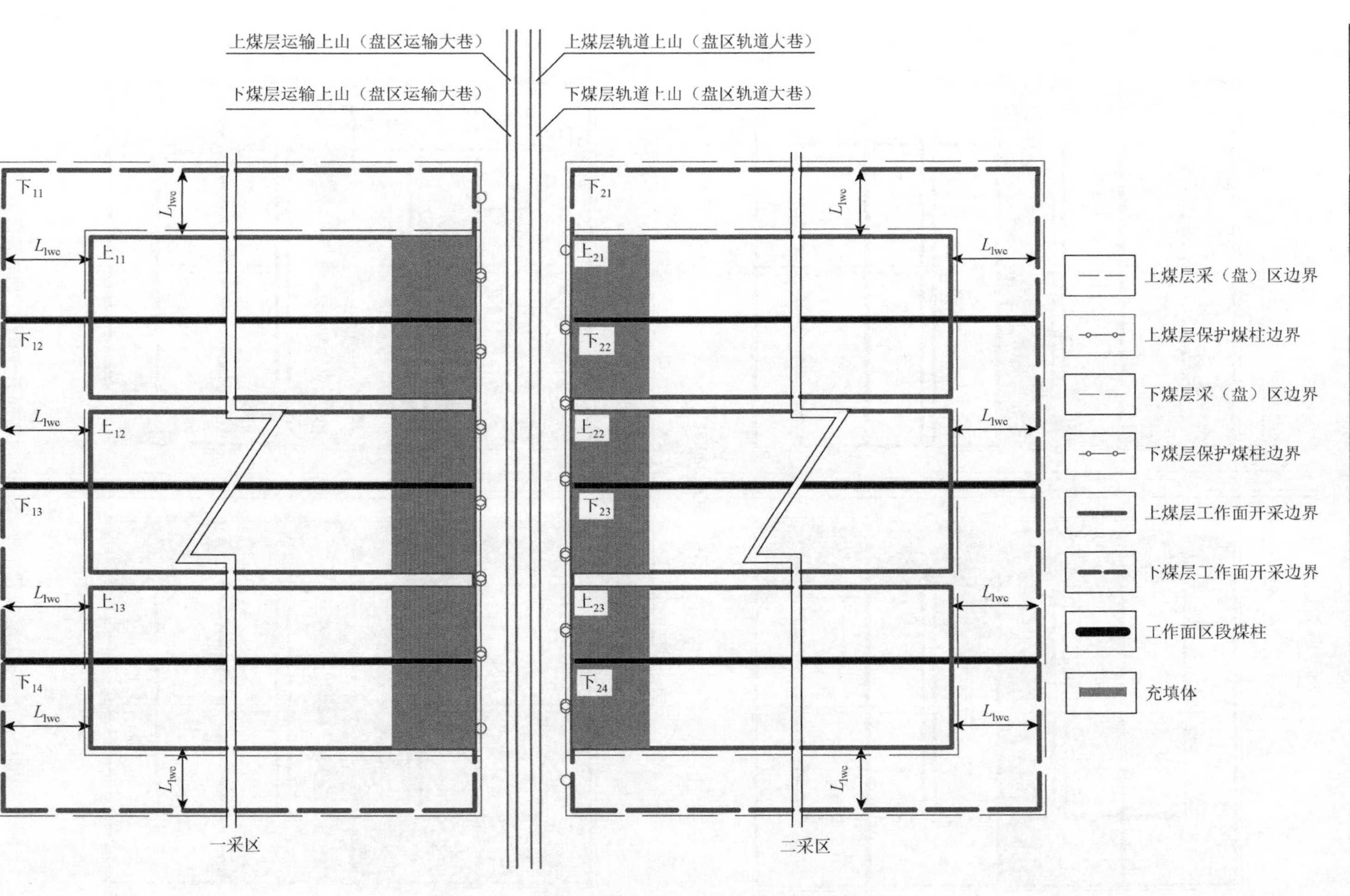

图5-22 上煤层双翼采（盘）区工作面局部充填

5.5 壁式连采连充保水采煤方法

5.5.1 方法介绍

壁式连采连充保水采煤方法，利用旺格维利采煤法布置运输主巷和采场支巷，将多个采场支巷划分为多个开采阶段，按划分的多个开采阶段跳采采场支巷，采场支巷间不留煤柱。运输主巷为主要运输通道，采场支巷为采煤巷道。按照设计开采顺序以跳采方式依次回采所有的采场支巷，并依次对其进行及时充填，采场支巷两侧始终由未回采的煤体或已充填的采场支巷作为支撑体控制顶板，分为若干个开采阶段依次进行回采，最终实现无煤柱开采。该方法充分发挥了旺格维利采煤法和充填采煤法的优点，能有效控制采动覆岩裂隙和地表沉降，能实现“三下”压煤的安全高效回采，有效控制地表沉陷；同时可实现保水采煤。其方法简单，易实施，效果好。

壁式连采连充保水采煤方法巷道布置如图 5-23 所示，该方法包括如下步骤。

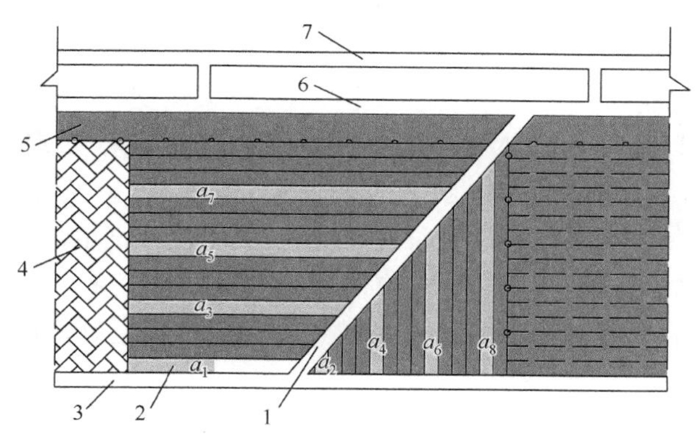

图 5-23 壁式连采连充保水采煤方法巷道布置

$a_1, a_2, \cdots, a_8$ 均表示采场支巷；1-运输主巷；2-采场支巷；3-回风平巷；4-充填墙体；5-保护煤柱；6-集中运输平巷；7-轨道平巷

步骤 1：在采煤工作面的端头从集中运输平巷（6）向回风平巷（3）方向倾斜掘进一条连通回风平巷（3）的运输主巷（1），运输主巷（1）连通回风平巷（3）的出口位于采煤工作面的中部。

步骤 2：根据开采区域的围岩地质状况，对运输主巷（1）左右两侧的煤体按条带开采划分为成直角相对的多个采场支巷（2）。

步骤 3：将多个成直角相对的多个采场支巷（2）划分为多个开采阶段，先对首个开采阶段的首个采场支巷（2）进行开采，即从回风平巷（3）一侧的运输主巷（1）向左侧方向的第一条横向采场支巷（2）进行开采，开采完毕后紧接着对该横向采场支巷（2）进行充填，再向运输主巷（1）右侧方向的第一条纵向采场支巷（2）进行开采，开采完毕后紧接着对该纵向采场支巷（2）进行充填。

步骤4：依次对下一个开采阶段的首个采场支巷（2）进行开采，即从运输主巷（1）向左侧方向的下一个开采阶段的第一条横向采场支巷（2）进行开采，开采完毕后紧接着对该横向采场支巷（2）进行充填，再向运输主巷（1）右侧方向的下一个开采阶段的第一条纵向采场支巷（2）进行开采，开采完毕后紧接着对采场支巷（2）进行充填，直至完成划分的所有开采阶段的第一条采场支巷（2）的开采充填。

步骤5：对首个开采阶段的第二条采场支巷（2）进行开采，即从运输主巷（1）向左侧方向的首个开采阶段的第二条横向采场支巷（2）进行开采，开采完毕后紧接着对该横向采场支巷（2）进行充填，再向运输主巷（1）右侧方向的首个开采阶段的第二条纵向采场支巷（2）进行开采，开采完毕后紧接着对该采场支巷（2）进行充填。

步骤6：依次对下一个开采阶段的第二条采场支巷（2）进行开采，即从运输主巷（1）向左侧方向的下一个开采阶段的第二条横向采场支巷（2）进行开采，开采完毕后紧接着对该横向采场支巷（2）进行充填，再向运输主巷右侧方向的下一个开采阶段的第二条纵向采场支巷（2）进行开采，开采完毕后紧接着对采场支巷（2）进行充填，直至完成划分的所有开采阶段的第二条采场支巷（2）的开采与充填。

步骤7：周而复始，依次对下一个开采阶段的下一条采场支巷（2）进行开采，即从运输主巷（1）向左侧方向的下一个开采阶段的下一条横向采场支巷（2）进行开采，开采完毕后紧接着对该横向采场支巷（2）进行充填，再向运输主巷（1）右侧方向的下一个开采阶段的下一条纵向采场支巷（2）进行开采，开采完毕后紧接着对采场支巷（2）进行充填，直至完成划分的所有开采阶段内的所有采场支巷（2）的开采与充填。

步骤8：完成划分的所有开采阶段内的所有采场支巷（2）的开采与充填后，对运输主巷（1）进行充填。

5.5.2　壁式连采连充保水采煤方法可行性分析

采用物理相似模拟方法，研究壁式连采连充保水采煤方法覆岩导水裂隙发育规律，分析壁式连采连充保水采煤方法实现保水开采的可行性。

1. 模型参数

物理模型比例为1∶100，设计尺寸长×宽×高为250cm×20cm×138cm。模型设计如图5-24所示。

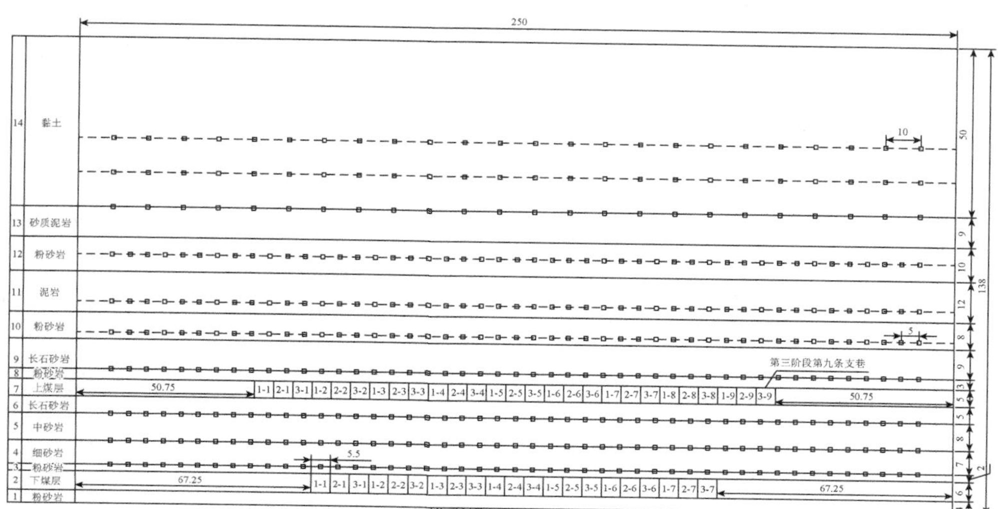

(a) 模型设计图（单位：cm）

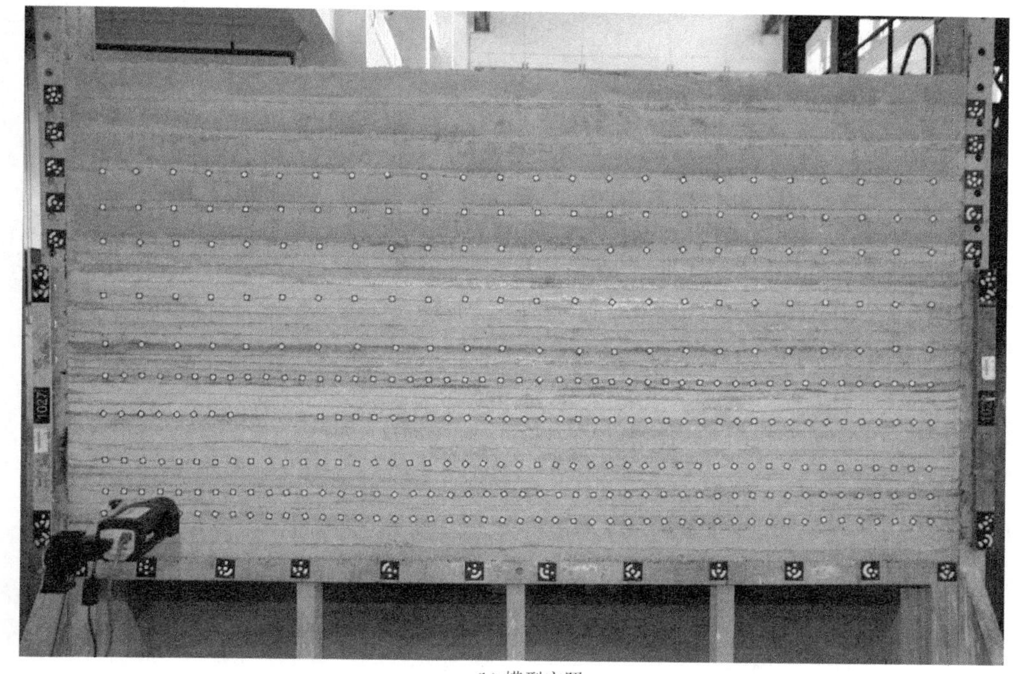

(b) 模型实照

图 5-24　物理模拟模型

2. 相似材料

相似材料以河砂、云母为骨料，以碳酸钙和石膏为胶结物。为模拟岩层内部弱面，模型每隔 2～5cm 撒上云母粉进行隔离。地层结构和相似材料配比如表 5-1 所示。

表 5-1　地层结构和相似材料配比

编号	岩性	厚度/cm	材料配比				总重/kg
			砂/kg	碳酸钙/kg	石膏/kg	水/kg	
14	黏土	50	252.52	19.66	7.56	32.76	312.5
13	砂质泥岩	9	52.74	5.26	2.32	6.65	66.96
12	粉砂岩	10	53.49	6.25	2.72	8.97	71.43
11	泥岩	12	66.07	7.78	3.3	8.57	85.71
10	粉砂岩	8	42.79	5	2.18	7.17	57.14
9	长石砂岩	9	69.54	8.12	3.54	11.66	92.86
8	粉砂岩	3	16.05	1.88	0.81	2.69	21.44
7	上煤层	5	16.06	1.89	0.8	2.08	20.83
6	长石砂岩	5	28.97	3.38	1.47	4.86	38.69
5	中砂岩	8	44.61	7.86	3.29	6.15	61.9
4	细砂岩	7	35.24	8.18	3.49	5.17	52.08
3	粉砂岩	2	10.7	1.25	0.54	1.79	14.29
2	下煤层	6	19.27	2.27	0.96	2.5	25
1	粉砂岩	4	21.4	2.5	1.09	3.59	28.57

3. 模型开挖方案

实验为二维平面应力模型，研究走向方向采动覆岩变形破坏情况。考虑到边界效应，上煤层两侧留设 50.75mm 煤柱，下煤层两侧留设 67.25mm 煤柱。

采用壁式连采连充保水采煤方法，分三个阶段进行回采和充填，第一阶段回采和充填间隔 2 条支巷，待第一阶段充填体强度达到设计强度后，进行第二阶段的回采和充填，直至采出全部煤体（表 5-2）。第三阶段仅回采不充填，因此充填率为 66.7%。模型开挖速率遵循时间相似比，每隔 30min 完成一次回采与充填作业。

表 5-2　壁式连采连充保水采煤方法回采充填过程

上煤层	第一阶段	回采	1-1	1-2	1-3	1-4	1-5	1-6	1-7	1-8	1-9	—
		充填	—	1-1	1-2	1-3	1-4	1-5	1-6	1-7	1-8	1-9
	第二阶段	回采	2-1	2-2	2-3	2-4	2-5	2-6	2-7	2-8	2-9	—
		充填	—	2-1	2-2	2-3	2-4	2-5	2-6	2-7	2-8	2-9

续表

上煤层	第三阶段	回采	3-1	3-2	3-3	3-4	3-5	3-6	3-7	3-8	3-9	—
		充填	—	—	—	—	—	—	—	—	—	—
下煤层	第一阶段	回采	1-1	1-2	1-3	1-4	1-5	1-6	1-7	—		
		充填	—	1-1	1-2	1-3	1-4	1-5	1-6	1-7		
	第二阶段	回采	2-1	2-2	2-3	2-4	2-5	2-6	2-7	—		
		充填	—	2-1	2-2	2-3	2-4	2-5	2-6	2-7		
	第三阶段	回采	3-1	3-2	3-3	3-4	3-5	3-6	3-7	—		
		充填	—	—	—	—	—	—	—	—		

4. 实验结果

壁式连采连充保水采煤方法回采与充填过程如图 5-25～图 5-30 所示。

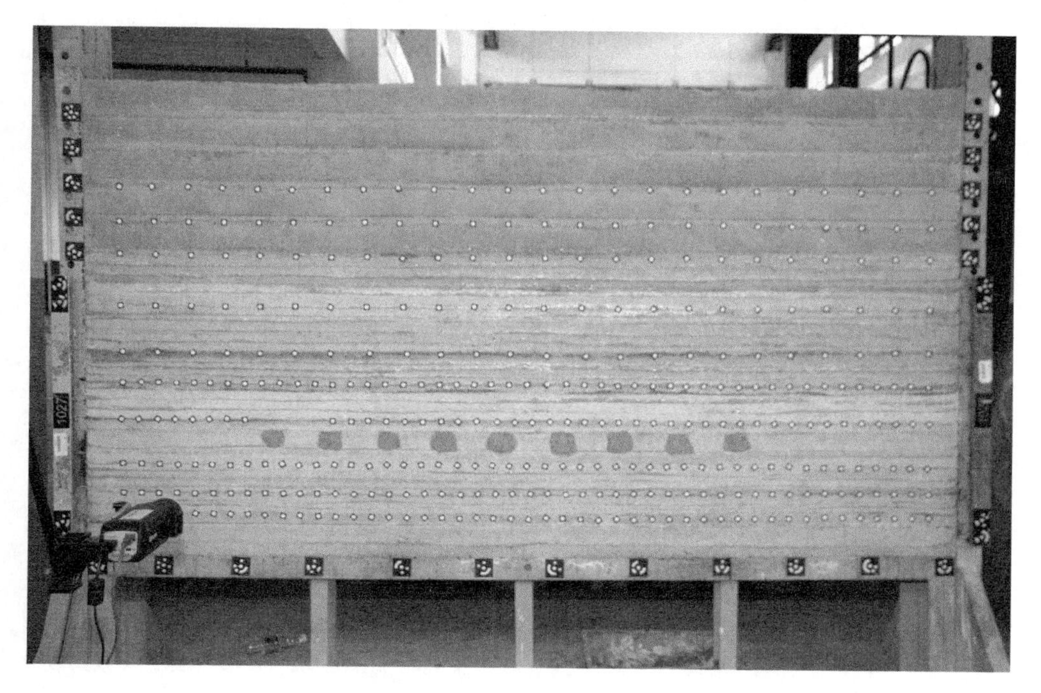

图 5-25　上煤层第一阶段回采和充填

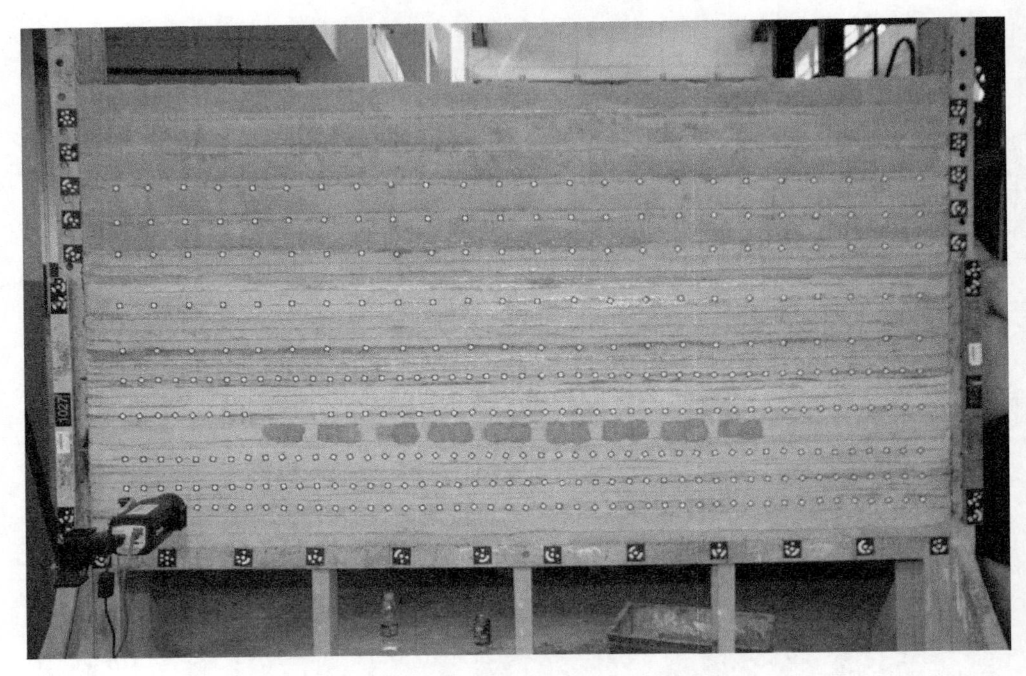

图 5-26　上煤层第二阶段回采和充填

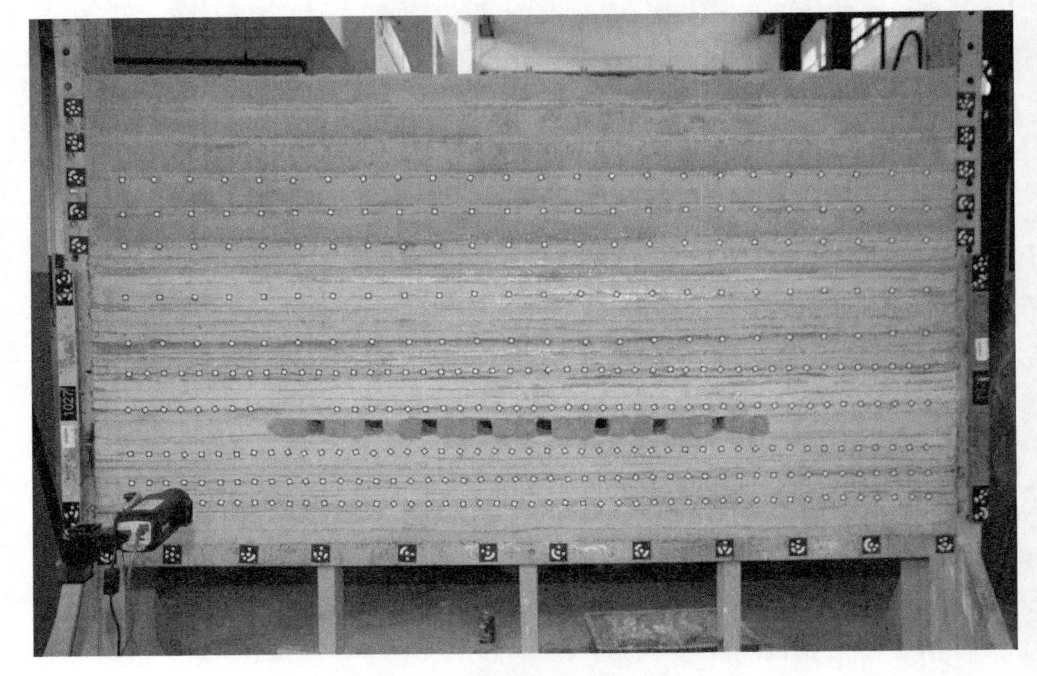

图 5-27　上煤层第三阶段回采

图 5-28 下煤层第一阶段回采

图 5-29 下煤层第二阶段回采

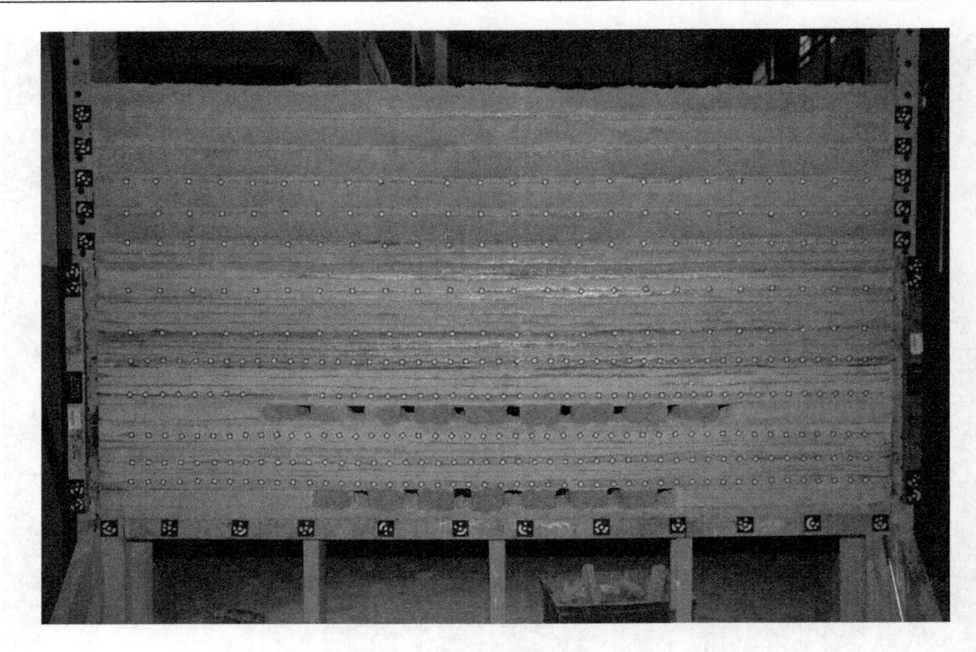

图 5-30 下煤层第三阶段回采

实验结果表明，采用壁式连采连充保水采煤方法，上煤层和下煤层回采充填过程中覆岩均没有出现明显的裂隙发育与岩层破断，壁式连采连充保水采煤方法是控制覆岩导水裂隙发育的有效途径。

5.5.3 壁式连采连充保水采煤方法回收遗留煤柱可行性分析

1. 模型开挖方案

针对条带开采（采一留二）遗留煤柱，采用壁式连采连充保水采煤方法进行煤柱回收，充填与开采流程见表 5-3。

表 5-3 条带开采（采一留二）遗留煤柱回收过程

上煤层	回采	—	1-1 2-1	1-2 2-2	1-3 2-3	1-4 2-4	1-5 2-5	1-6 2-6	1-7 2-7	1-8 2-8	1-9 2-9
	充填	3-1	3-2	3-3	3-4	3-5	3-6	3-7	3-8	3-9	—
下煤层	回采	—	1-1 2-1	1-2 2-2	1-3 2-3	1-4 2-4	1-5 2-5	1-6 2-6	1-7 2-7	—	—
	充填	3-1	3-2	3-3	3-4	3-5	3-6	3-7	—	—	—

2. 实验结果

（1）开挖上煤层 1-6 与 2-6 支巷之前，实验结果如图 5-31 所示。

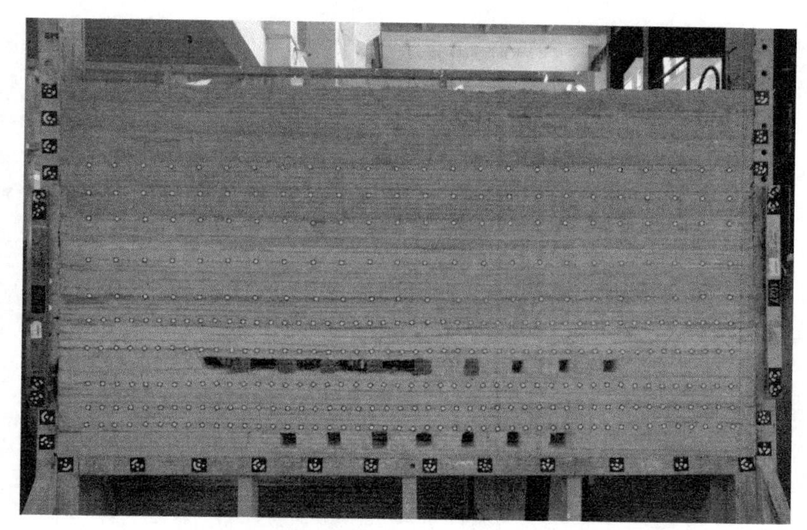

图 5-31 上煤层 1-6 与 2-6 支巷开挖之前

覆岩中没有出现明显的裂隙发育与岩层破断。

（2）开挖上煤层 1-6 与 2-6 支巷，实验结果如图 5-32 所示，局部放大如图 5-33 所示。

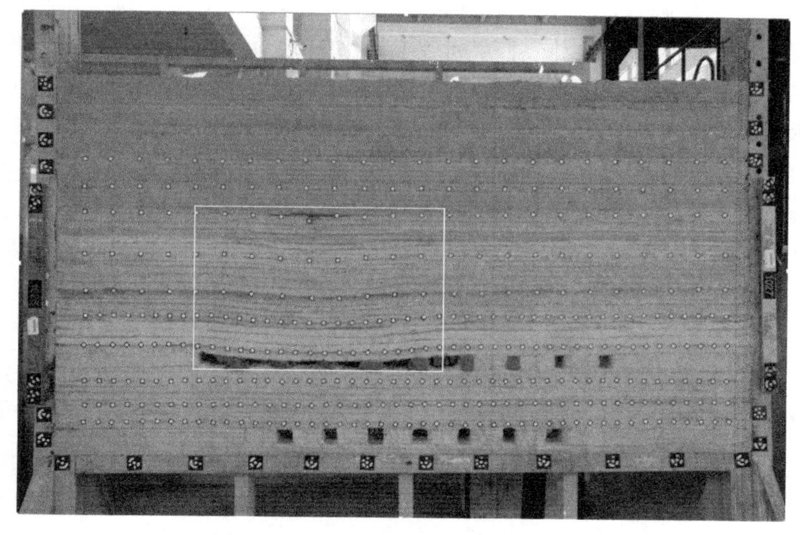

图 5-32 上煤层 1-6 与 2-6 支巷开挖

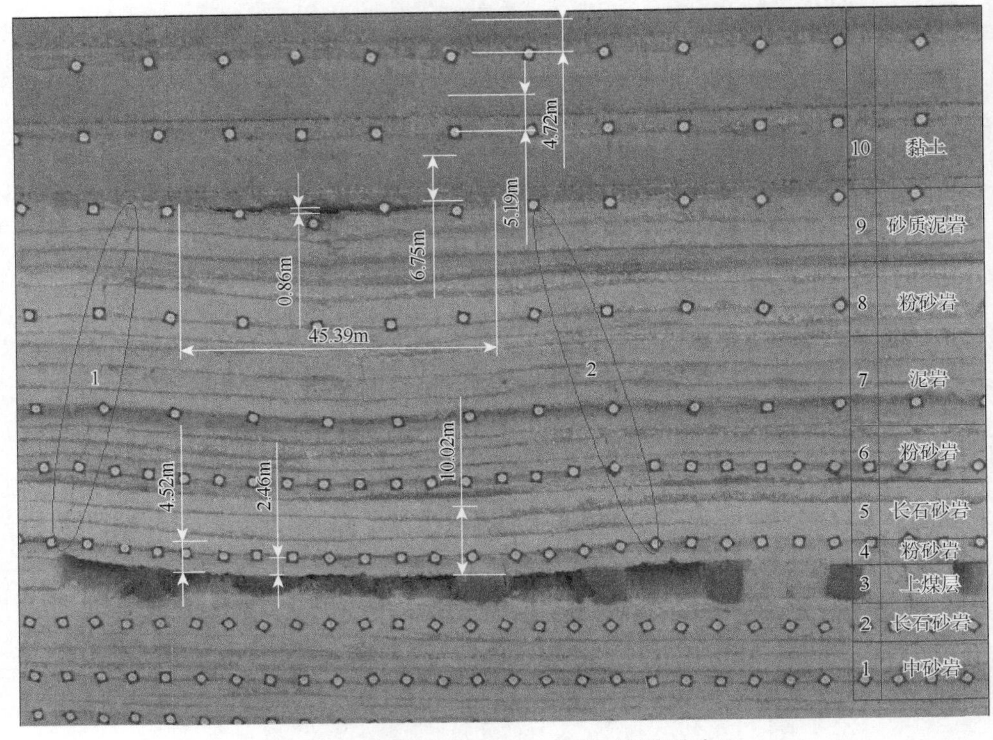

图 5-33　上煤层 1-6 与 2-6 支巷（局部放大）

起采线与正在回采的 1-6 和 2-6 支巷上方出现纵向裂隙（区域 1 和区域 2），并发育至 14 号黏土隔水层底部。1-2、3-2 和 3-4 支巷顶板上方出现贯穿直接顶的纵向裂隙，最长裂隙长度约为 10.02m，已发育至基本顶上部。直接顶整体基本完好，没有垮落。煤层上方裂隙均从支巷与支巷的交界处开始发育，可以推测其中有剪力的作用。黏土隔水层底部出现离层，离层长度约为 45.39m，最宽处 0.86m。黏土隔水层 1、2、3 分层均出现纵向裂隙，长度分别为 6.75m、5.19m 和 4.72m。3-2 和 3-3 支巷充填体完全压毁，3-1、3-4 和 3-5 支巷充填体部分损毁，3-6 和 3-7 支巷充填体完好。

（3）开挖上煤层 1-7 与 2-7 支巷，起采线上方贯通性裂隙（区域 1）继续发育，在其上方黏土隔水层 1 和 2 分层出现间断性裂隙。前一步回采的 1-6 和 2-6 支巷上方纵向裂隙（区域 2）逐渐闭合。正在回采的 1-7 和 2-7 支巷右侧的 3-7 支巷充填体上方出现发育至 14 号黏土隔水层底部的裂隙（区域 3）。直接顶整体基本保持完整，但 1-6 和 2-6 支巷直接顶垮落。黏土隔水层底部离层裂隙长度扩大至 71.47m，最宽处达到 1.38m。在离层区上方的黏土隔水层中，纵向裂隙迅速增多。除了正在回采的 1-7 和 2-7 支巷两侧充填体，即 3-6 和 3-7 支巷充填体与同步充填的 3-8 支巷充填体基本完好，其余充填体已被压毁。实验结果如图 5-34 所示，局部放大如图 5-35 所示。

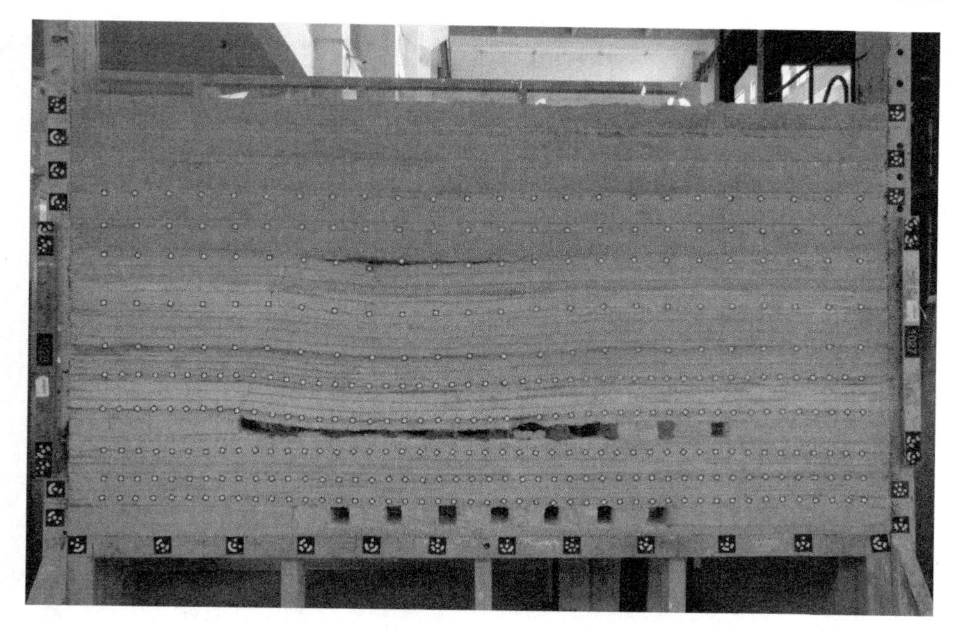

图 5-34 上煤层 1-7 与 2-7 支巷开挖

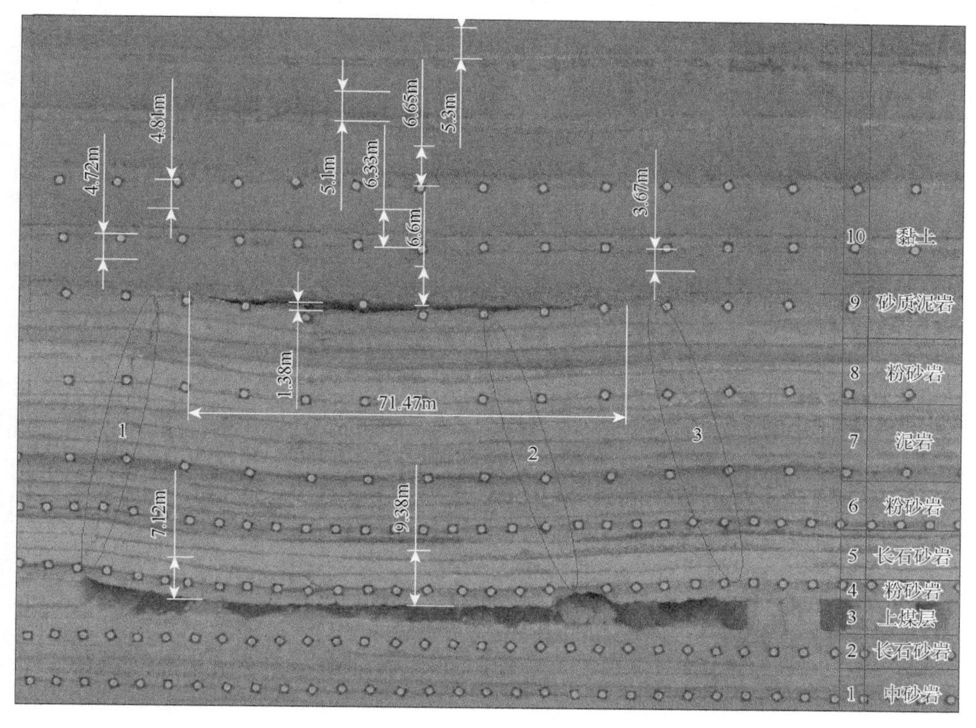

图 5-35 上煤层 1-7 与 2-7 支巷（局部放大）

（4）开挖上煤层 1-8 与 2-8 支巷，实验结果如图 5-36 所示，局部放大如图 5-37 所示。

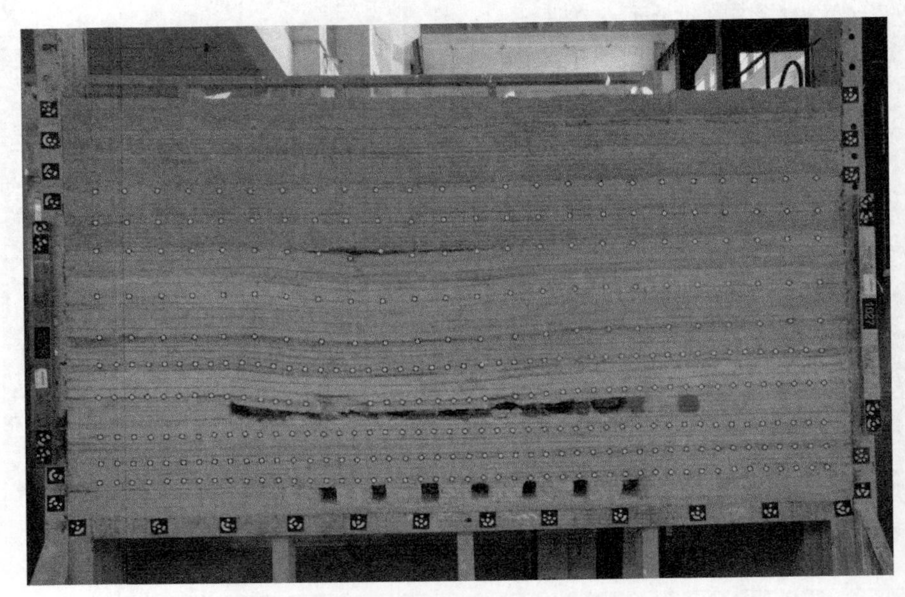

图 5-36　上煤层 1-8 与 2-8 支巷

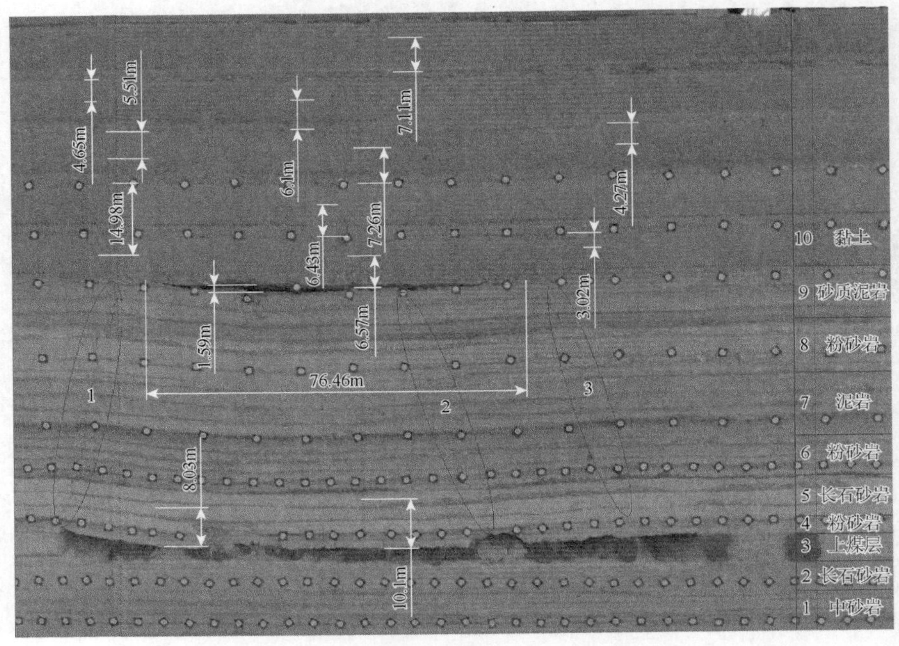

图 5-37　上煤层 1-8 与 2-8 支巷（局部放大）

起采线上方裂隙（区域 1）在黏土隔水层内部继续发育。1-6 和 2-6 支巷上方纵向裂隙（区域 2）基本闭合。3-7 支巷充填体上方裂隙（区域 3）继续在上方黏土隔水层内部扩展。直接顶整体保持完整，但垮落范围继续扩大。黏土隔水层底部离层裂隙长度扩大至 76.46m，最宽处增至 1.59m。黏土隔水层内部纵向裂隙继续发育，裂隙顶部最高处距模型顶端不足 3m（黏土隔水层每一分层厚度为 10m）。之前完好的 3-6 支巷充填体已被压毁。

（5）开挖上煤层 1-9 与 2-9 支巷，实验结果如图 5-38 所示，局部放大如图 5-39 所示。

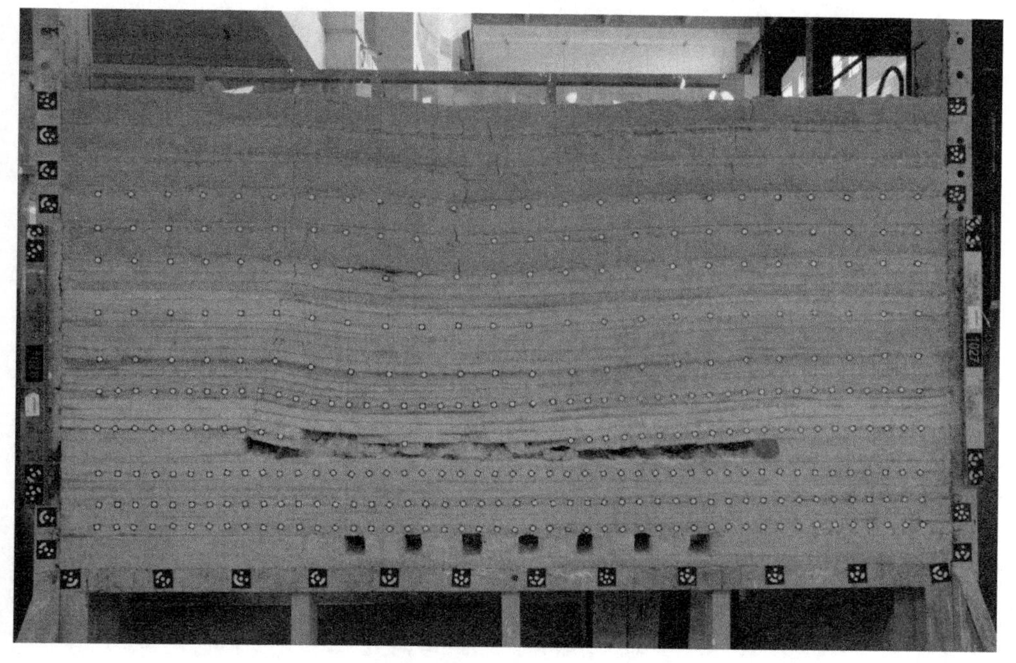

图 5-38 上煤层 1-9 与 2-9 支巷开挖

起采线上方裂隙（区域 1）已贯通至模型顶端。1-6 和 2-6 支巷上方纵向裂隙（区域 2）基本闭合消失。3-7 支巷充填体上方裂隙（区域 3）开始闭合。直接顶大面积垮落。黏土隔水层底部离层裂隙开始闭合，长度缩小至 39.79m，最宽处闭合至 0.84m。黏土隔水层内部出现贯通黏土隔水层的裂隙（区域 5 和区域 6）。正在采掘的 2-9 支巷与 3-9 充填体交界处出现裂隙并发育至黏土隔水层底部。除停采线处 3-9 充填体，其余充填体已全部被压毁。

（6）开挖下煤层 1-1 与 2-1 支巷，实验结果如图 5-40 所示，局部放大如图 5-41 所示。

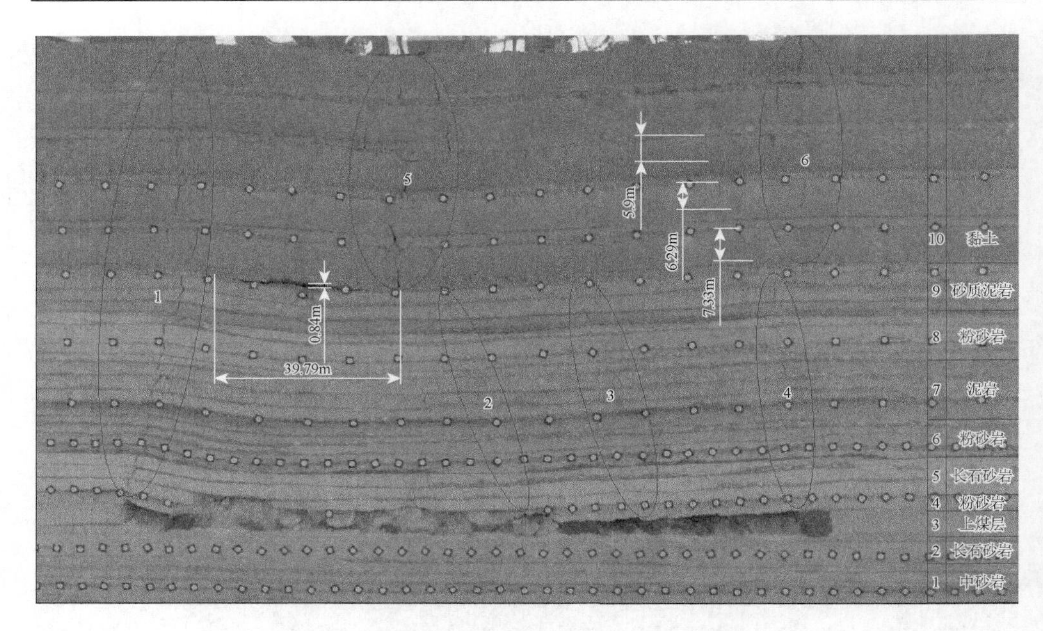

图 5-39　上煤层 1-9 与 2-9 支巷（局部放大）

图 5-40　下煤层 1-1 与 2-1 支巷开挖

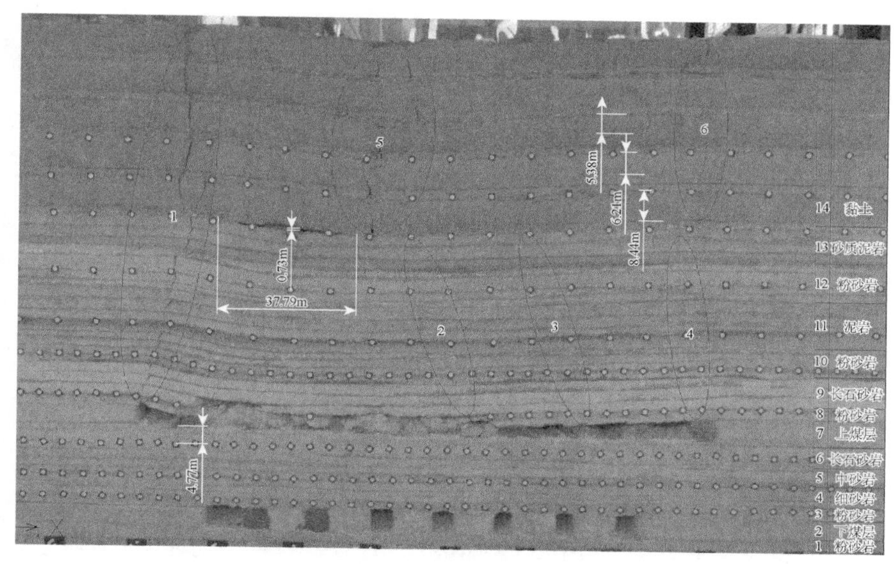

图 5-41 下煤层 1-1 与 2-1 支巷开挖（局部放大）

上煤层上覆岩层裂隙发育情况基本不变。上煤层 1-2 支巷底板向正在采掘的下煤层 1-1 支巷发育有纵向裂隙，长度为 4.77m。

（7）开挖下煤层 1-2 与 2-2 支巷，实验结果如图 5-42 所示，局部放大如图 5-43 所示。

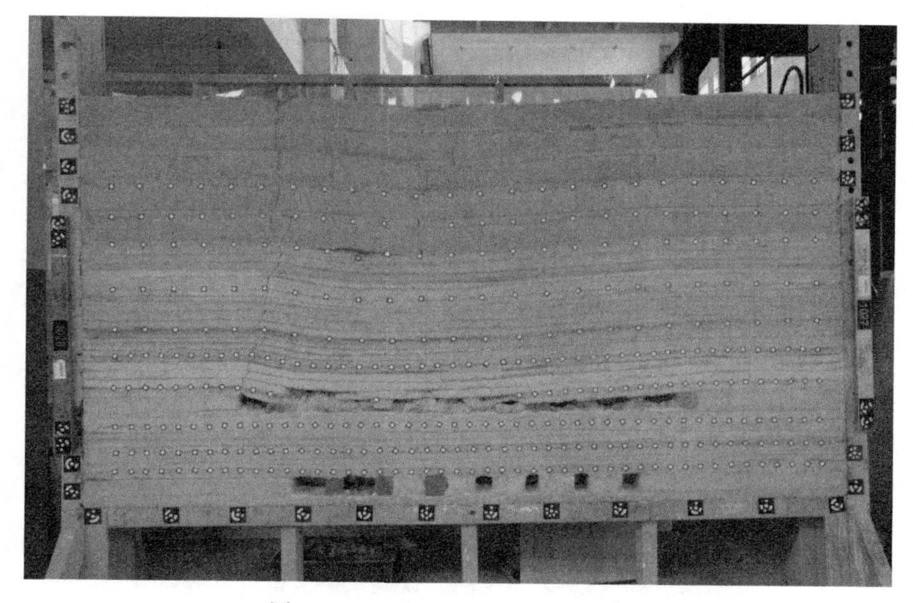

图 5-42 下煤层 1-2 与 2-2 支巷开挖

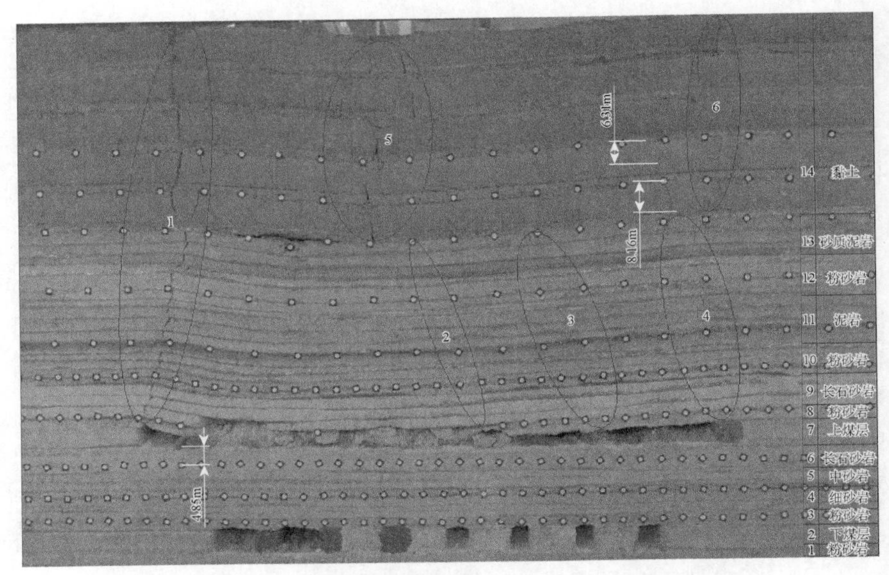

图 5-43　下煤层 1-2 与 2-2 支巷开挖（局部放大）

上煤层上覆岩层裂隙发育情况基本不变。上煤层 1-2 支巷底板纵向裂隙长度增大至 4.85m。

（8）开挖下煤层 1-3 与 2-3 支巷，实验结果如图 5-44 所示，局部放大如图 5-45 所示。

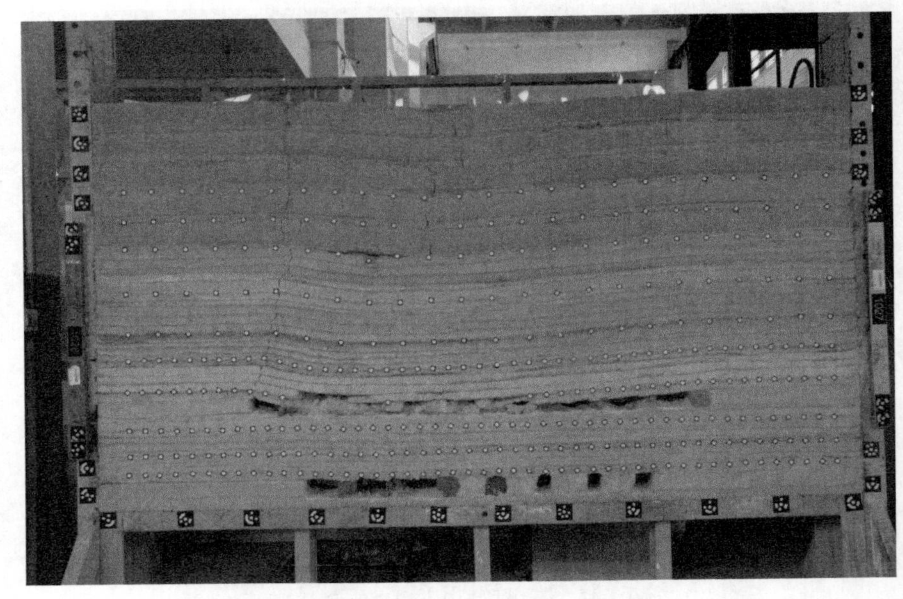

图 5-44　下煤层 1-3 与 2-3 支巷开挖

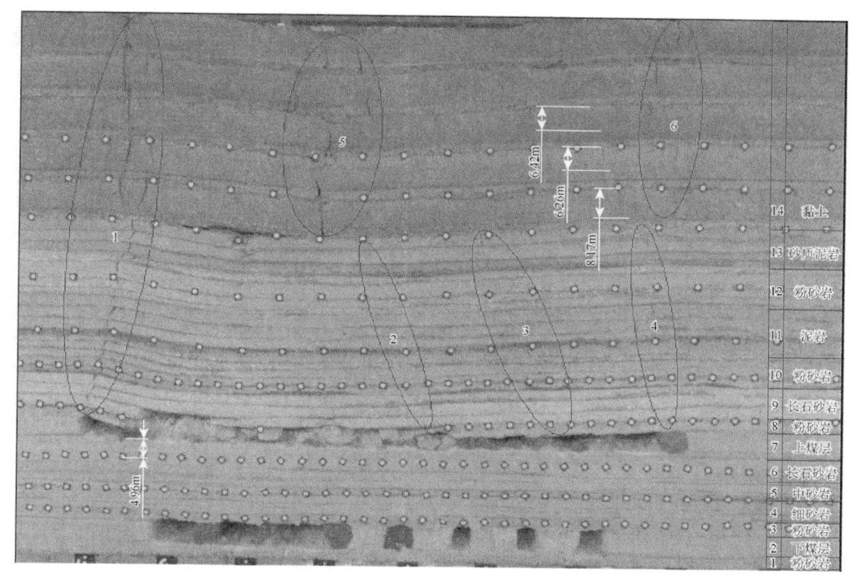

图 5-45 下煤层 1-3 与 2-3 支巷开挖（局部放大）

上煤层上覆岩层裂隙进一步发育。上煤层 1-2 支巷底板纵向裂隙长度增大至 4.96m。

（9）开挖下煤层 1-4 与 2-4 支巷，实验结果如图 5-46 所示，局部放大如图 5-47 所示。

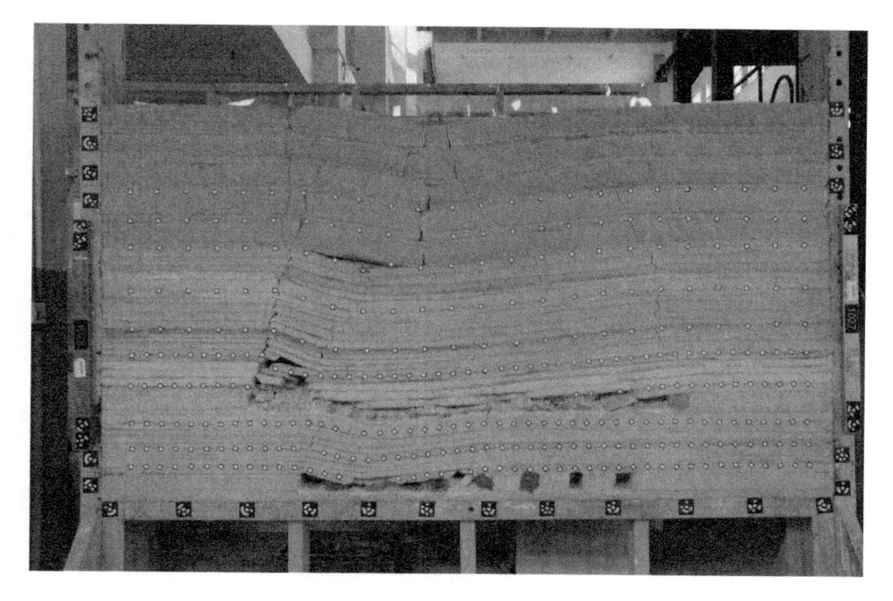

图 5-46 下煤层 1-4 与 2-4 支巷开挖

图 5-47　下煤层 1-4 与 2-4 支巷开挖（局部放大）

上煤层上覆岩层裂隙发育范围急速扩大，覆岩整体垮落至地表。上煤层和下煤层之间的岩层受覆岩压力作用，内部裂隙迅速扩张贯通两层煤（区域 1、区域 2 和区域 3）并整体垮落，将下方下煤层开采空间全部充填体压毁。

（10）开挖下煤层 1-5 与 2-5 支巷，实验结果如图 5-48 所示，局部放大如图 5-49 所示。

图 5-48　下煤层 1-5 与 2-5 支巷开挖

图 5-49 下煤层 1-5 与 2-5 支巷开挖（局部放大）

上煤层上覆岩层裂隙发育与垮落进一步加剧。下煤层随采随垮，充填体基本失去支承顶板作用。

（11）开挖下煤层 1-6 与 2-6 支巷，实验结果如图 5-50 所示，局部放大如图 5-51 所示。

图 5-50 下煤层 1-6 与 2-6 支巷开挖

图 5-51　下煤层 1-6 与 2-6 支巷开挖（局部放大）

上煤层上覆岩层裂隙发育与垮落进一步加剧。下煤层随采随垮，充填体基本失去支承顶板作用。

实验表明：条带开采（采一留二）回收遗留煤柱，虽可提高煤炭资源回收率，但无法控制覆岩导水裂隙发育及地表沉陷。

5.6　浅埋近距煤层保水开采适用条件分类

针对神东矿区部分井田的生产地质条件，选取影响覆岩导水裂隙发育的主要因素作为分类指标，提出保水开采适用条件分类方法，可为浅埋近距煤层保水开采分区治理提供借鉴。

5.6.1　分类指标及阈值

浅埋近距煤层覆岩导水裂隙发育程度主要与松散含水层富水性、隔水层厚度、基采比（基岩厚度与采高之比）和层采比（上下煤层间距与下煤层采高之比）等因素有关。根据松散含水层富水性，将隔水层厚度、基采比和层采比作为浅埋近距煤层保水开采适用条件分类指标。采用理论分析和数值模拟方法，确定这些分类指标的阈值。

1. 松散含水层富水性

根据松散含水层水体下采煤的经验，松散含水层水体一般划分为 5 类[94]，见表 5-4。

表 5-4 松散含水层富水性分类

含水层类型	富水程度	厚度/m	单位涌水量/(L/(s·m))	渗流系数/(m/d)
Ⅰ	极强	＞30	＞10	＞50
Ⅱ	强	15～30	5～10	10～50
Ⅲ	中	5～15	0.1～5	1～10
Ⅳ	弱	1～5	0.005～1	0.01～1
Ⅴ	极弱	＜1	＜0.005	＞0.01

为便于浅埋近距煤层保水开采适用条件分类，将松散含水层富水性强度分为强（松散含水层厚度＞15m）、中（5m≤松散含水层厚度≤15m）、弱（松散含水层厚度＜5m）三类进行考虑。

2. 隔水层厚度

《建筑物、水体、铁路及主要井巷煤柱留设与压煤开采规范》规定：防水安全煤岩柱的保护层厚度，可根据有无松散层及其中黏性土层厚度按表 5-5 中数值选取[46]。神东矿区松散含水层下赋存有天然黏土隔水层，其厚度就为防水安全煤岩柱的保护层厚度。要确定隔水层厚度（防水安全煤岩柱的保护层厚度），需要考虑松散含水层富水性和开采高度等因素。

表 5-5 防水安全煤岩柱保护层厚度（不适用于综放开采）

覆岩岩性	松散层底部黏性土层厚度大于累计开采高度	松散层底部黏性土层厚度小于累计开采高度	松散层全厚小于累计开采高度	松散层底部无黏性土层
坚硬	$4A$	$5A$	$6A$	$7A$
中硬	$3A$	$4A$	$5A$	$6A$
软弱	$2A$	$3A$	$4A$	$5A$
极软弱	$2A$	$2A$	$3A$	$4A$

注：A 为煤层平均分层开采高度，m。

神东矿区浅埋近距煤层开采区域的覆岩岩性属于中硬，该区域单一煤层开采高度一般为 2～6m，如果浅埋近距煤层上下煤层都开采，那么累计开采高度为 4～12m。

（1）当隔水层厚度大于累计开采高度时，上煤层开采后，所需的隔水层厚度（防水安全煤岩柱的保护层厚度）为 $3A = 6 \sim 18$m，而下煤层开采后，所需的隔水层厚度（防水安全煤岩柱的保护层厚度）为 $3A = 12 \sim 36$m。

（2）当隔水层厚度小于累计开采高度时，上煤层开采后，所需的隔水层厚度（防水安全煤岩柱的保护层厚度）为 $4A = 8 \sim 24$m，而下煤层开采后，所需的隔水层厚度（防水安全煤岩柱的保护层厚度）为 $4A = 16 \sim 48$m。

（3）当松散含水层富水性中或弱（松散含水层全厚＜15m）时，可能会出现松散层全厚小于累计开采高度的情况，此时，上煤层开采后，所需的隔水层厚度（防水安全煤岩柱的保护层厚度）为 $5A = 10 \sim 30$m，而下煤层开采后，所需的隔水层厚度（防水安全煤岩柱的保护层厚度）为 $5A = 20 \sim 60$m。

如果隔水层厚度小于防水安全煤岩柱的保护层厚度，要实现浅埋近距煤层开采，就必须采取保水开采配套措施。

3. 基采比

根据前面的研究结果，基岩厚度为 47m（基采比为 18.8）时，上煤层开采后覆岩导水裂隙贯通隔水层；基岩厚度为 72m（基采比为 28.8）时，上煤层开采后覆岩导水裂隙不会贯通隔水层，则表明上煤层开采后覆岩导水裂隙贯通隔水层时的基采比阈值为 18.8～28.8。为了进一步确定该条件下的基采比阈值，进行了不同上煤层基岩厚度（50m、60m、70m）的数值模拟计算，得出基岩厚度为 60m 时的基采比达到阈值，其值为 24。因此，要实现保水开采，基采比必须大于 24；当基采比小于该阈值时，需要采取配套措施，例如，对覆岩导水裂隙进行注浆封堵或采用开采边界台阶式充填法，控制覆岩导水裂隙发育。

松散含水层富水性强时的基采比阈值，比松散含水层富水性中和富水性弱的都大，松散含水层富水性弱时的基采比阈值最小。结合 UDEC 数值模拟方法，进行了不同基岩厚度、开采高度、隔水层厚度和含水层厚度组成条件下的覆岩导水裂隙发育规律研究，得出松散含水层富水性中时的基采比阈值为 24～28。同理，得出松散含水层富水性强时的基采比阈值为 28～42，松散含水层弱时的基采比阈值为 8～24。

4. 层采比

当下煤层采用外错布置方式，且外错距大于临界外错距时，下煤层开采边界附近不受上煤层开采影响，此区域可视为单一煤层开采，此情况下覆岩导水裂隙贯通隔水层时的层采比阈值为最小值，例如，上煤层基岩厚度为 40m，煤层间距为 20m，层采比阈值为 $(60-40-2.5)/2.5 = 7$；当下煤层采用内错布置方式，且内错距大于临界内错距时，下煤层开采可视为单一煤层开采，此情况下的层采比阈值为最大值，模拟研究得出层采比阈值为 20。

松散含水层富水性强时的层采比阈值，比松散含水层富水性中和富水性弱的都大，松散含水层富水性弱时的层采比阈值最小。同理，得出：①外错布置条件下，松散含水层富水性中时的层采比阈值为 7～11，松散含水层富水性强时的基采比阈值为 11～15，松散含水层弱时的基采比阈值为 1～7；②内错布置条件下，松散含水层富水性中时的层采比阈值为 22～26，松散含水层富水性强时的基采比阈值为 26～36，松散含水层弱时的基采比阈值为 6～22。

5.6.2 保水开采适用条件分类

针对神东矿区的普遍地质条件，根据松散含水层富水性，基于基采比和层采比等分类指标，提出的浅埋近距煤层保水开采适用条件分类见表 5-6。

表 5-6 浅埋近距煤层保水开采适用条件分类

<table>
<tr><td colspan="2">上煤层基岩厚度/m</td><td colspan="3"><40</td><td colspan="3">40～60</td><td colspan="3">60～80</td><td colspan="3">80～100</td><td colspan="3">>100</td></tr>
<tr><td colspan="2">松散含水层富水性</td><td>强</td><td>中</td><td>弱</td><td>强</td><td>中</td><td>弱</td><td>强</td><td>中</td><td>弱</td><td>强</td><td>中</td><td>弱</td><td>强</td><td>中</td><td>弱</td></tr>
<tr><td colspan="2">隔水层厚度/m</td><td>5.4～8.4</td><td>8.4～9</td><td>9～30</td><td>8.4～12</td><td>12～15</td><td>15～36</td><td>11～17</td><td>17～20</td><td>20～36</td><td>14～22</td><td>22～24</td><td>24～36</td><td>22～36</td><td>24～36</td><td>36</td></tr>
<tr><td rowspan="4">上煤层</td><td>开采方法</td><td colspan="15">长壁综合机械化开采</td></tr>
<tr><td>最大开采高度/m</td><td>0.9～1.4</td><td>1.4～1.5</td><td>1.5～5</td><td>1.4～2.1</td><td>2.1～2.5</td><td>2.5～6</td><td>1.9～2.9</td><td>2.9～3.3</td><td>3.3～6</td><td>2.4～3.6</td><td>3.6～4</td><td>4～6</td><td>3.6～6</td><td>4～6</td><td>6</td></tr>
<tr><td>开采速度/(m/d)</td><td colspan="3">>15</td><td colspan="3">>15</td><td colspan="3">>10</td><td colspan="3">>10</td><td colspan="3">>10</td></tr>
<tr><td>配套措施</td><td colspan="15">对覆岩导水裂隙进行充填或开采边界充填式采煤法</td></tr>
<tr><td colspan="2">煤层间距/m</td><td colspan="3"><10</td><td colspan="3">10～20</td><td colspan="3">20～30</td><td colspan="3">30～40</td><td colspan="3">>40</td></tr>
<tr><td rowspan="5">下煤层</td><td>开采方法</td><td colspan="15">长壁综合机械化开采</td></tr>
<tr><td>（内错布置）最大开采高度/m</td><td>0.3～0.4</td><td>0.4～0.5</td><td>0.5～1.7</td><td>0.6～0.8</td><td>0.8～1</td><td>1～3.4</td><td>0.9～1.2</td><td>1.2～1.5</td><td>1.5～5.1</td><td>1.2～1.6</td><td>1.6～2</td><td>2～6</td><td>1.6～6</td><td>2～6</td><td>6</td></tr>
<tr><td>（外错布置）最大开采高度/m</td><td>1.2～1.8</td><td>1.8～2.1</td><td>2.1～6.3</td><td>1.9～2.9</td><td>2.9～3.3</td><td>3.3～6</td><td>2.6～3.9</td><td>3.9～4.6</td><td>4.6～6</td><td>3.3～5</td><td>5～5.8</td><td>5.8～6</td><td>5～6</td><td>5.8～6</td><td>6</td></tr>
<tr><td>开采速度/(m/d)</td><td colspan="15">>15</td></tr>
<tr><td>配套措施</td><td colspan="15">优先选择下煤层外错布置方式，结合一分为二、窄区段煤柱错开同采法和开采边界充填式采煤法</td></tr>
</table>

注：表中列出的隔水层厚度为 $6A$，是从最安全角度考虑的，即松散层下部无黏性土层的情况；具体隔水层厚度选取参照表 5-5。

（1）防水安全煤岩柱的保护层厚度（隔水层厚度）由累计开采高度确定。隔水层厚度和基采比决定了浅埋近距煤层上煤层覆岩导水裂隙的发育程度和保水开采的实现。当上煤层基岩厚度为 40m 时，松散含水层富水性中时的合理开采高度最大值为 0.9～1.4m，隔水层厚度最大值为 5.4～8.4m；松散含水层富水性强时的合理开采高度最大值为 1.4～1.5m，隔水层厚度最大值为 8.4～9m。

（2）层采比阈值是动态变化的，其值由开采布置方式、基采比、煤层间距和下煤层开采高度决定。例如，下煤层工作面采用外错布置方式，上煤层基岩厚度为 60m，煤层间距为 20m 时，松散含水层富水性中时的合理开采高度最大值为 1.9～2.9m；下煤层工作面采用内错布置方式，上煤层基岩厚度为 60m，煤层间距为 20m 时，松散含水层富水性中时的合理开采高度最大值为 0.6～0.8m。

为实现保水开采，实际开采高度应不大于合理开采高度的最大值；一旦实际开采高度大于合理开采高度的最大值，要实现保水开采，就必须采取保水开采配套措施。

5.7　工 程 实 践

5.7.1　浅埋近距煤层开采工程地质条件

1. 工作面地质条件

石圪台煤矿 12上105 工作面布置 12上煤层中，走向长度为 1000m，倾向长度为 300m，采用一次采全高走向长壁采煤法，平均采高为 2.5m。12105 工作面走向长度 1308m，倾向长度 300m，平均采高 2.8m；基岩厚度为 60～90m。12上105 工作面和 12105 工作面煤层间距为 2.4～15.52m。12105 工作面位于 12上105 工作面采空区及回撤通道外采空区，工作面平面布置如图 5-52 所示，综合柱状如图 5-53 所示。

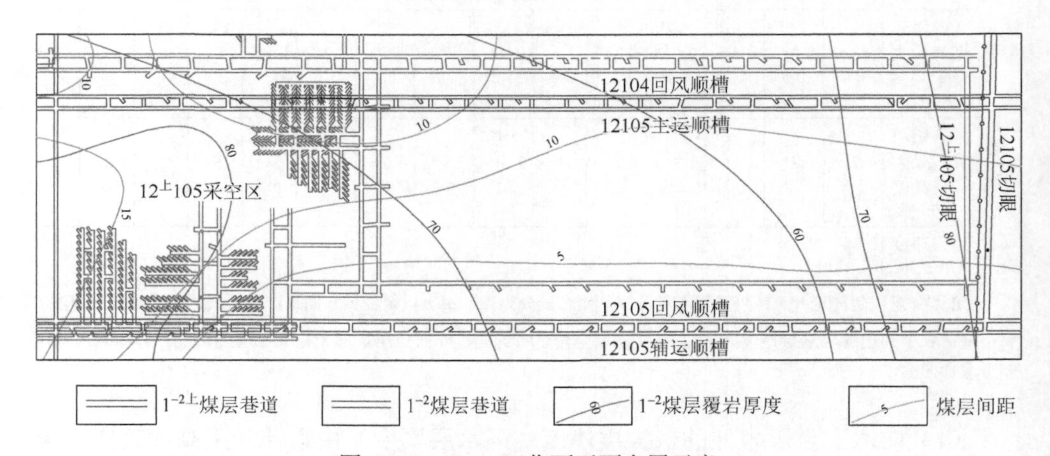

图 5-52　12105 工作面平面布置示意

岩石名称	岩性描述	层厚/m	柱状 1：200
流砂	第四纪松散层	0.69	
风积砂	第四纪松散层	0.54～6.93 3.87	
黄土	第四纪松散层	1.37～12.34 2.54	
细粒砂岩	土黄色，泥质胶结，强风化	2.4～14.62 6.42	
粉砂岩	灰色，泥质胶结	4.5～15.22 7.76	
中粒砂岩	浅灰色，以长石、石英为主云母次之，泥质胶结	2.34～9.74 3.6	
细粒砂岩	浅灰色，泥质胶结，层理发育	3.16～15.92 8.52	
砂质泥岩	灰色	0.91～8.92 3.19	
粗粒砂岩	灰白色，以长石、石英为主次，次棱角状，泥质胶结	5.55～19.57 9.48	
粉砂岩	灰色，水平层理，泥质胶结	1.84～5.1 3.74	
细粒砂岩	灰白色，浅灰色，以石英为主	1.3～8.54 3.29	
中粒砂岩	灰白色，白色，以石英为主，泥质胶结、块状层理	1.0～21.28 4.93	
粉砂岩	灰色，深灰色，水平层理	1.6～5.2 2.08	
中粒砂岩	灰色，以长石、石英为主，含大量煤屑	2.75～8.2 3.48	
1^{-1}煤	煤层底部有0.3m砂质泥岩	0.53	
细粒砂岩	灰色，水平层理，泥质胶结	1.55～5.99 3.85	
中粒砂岩	灰白色，以石英为主，层理发育	1.65～11.35 6.27	
$1^{-2上}$煤	褐黑色，细条带状结构	2.1	
粉砂岩	灰色，水平层理，泥质胶结	0.11～2.1 1.15	
中粒砂岩	浅灰色，以石英为主	2.89～17.99 7.35	
1^{-2}煤	褐黑色，细条带状结构	1.4～3.59 2.7	
砂质泥岩	深灰色，黑色，水平层理	0.61	
细粒砂岩	灰白色，灰色，以石英为主	3.69～14.55 8.91	

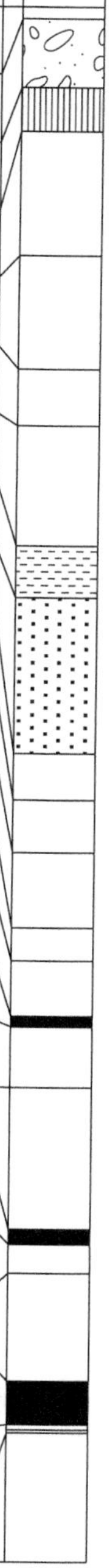

图5-53　12105工作面综合柱状

12105 工作面开切眼外错于 12^{上}105 工作面开切眼 21～27m，12105 回风顺槽外错于 12^{上}105 工作面回风顺槽约 50m。

2. 生产条件

12105 工作面采用长壁综合机械化采煤法，采用全部垮落法管理顶板。工作面双向割煤，往返一次割两刀煤。

5.7.2　工作面水位观测结果与分析

1. 水位观测孔布置

在 12^{上}105 工作面和 12105 工作面对应地表布置两个水位观测孔（孔 1 和孔 2），对 12^{上}105 和 12105 工作面开采过程中的潜水层水位变化进行长期观测，分析覆岩导水裂隙演化规律。

孔 1 布置在距 12105 工作面开切眼 45m 和距 12105 回风顺槽 89m 处，孔 2 布置在距 12105 工作面开切眼 300m 和距 12105 回风顺槽 185m 处。水位观测孔布置示意如图 5-54 所示，对应的水位观测孔柱状见表 5-7。

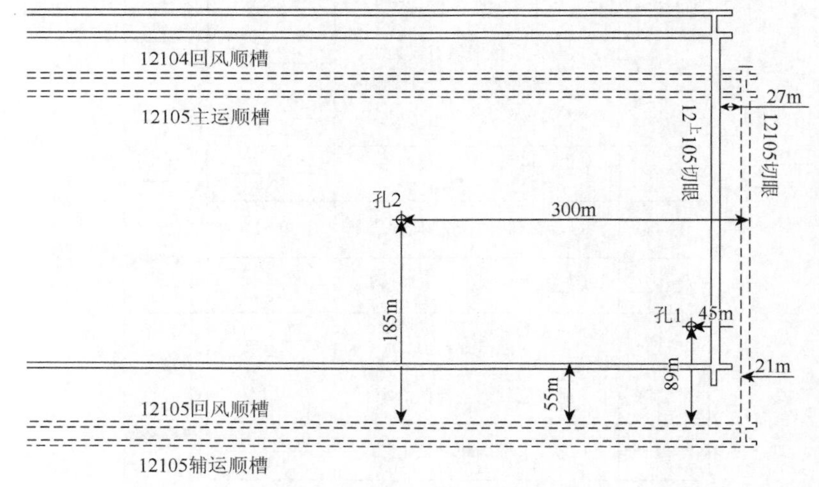

图 5-54　水位观测孔布置示意

表 5-7　水位观测孔柱状（相对于 1$^{-2上}$煤层）

编号	松散层厚度			基岩厚度/m
	砂层厚度/m	砂砾层厚度/m	黄土层厚度/m	
孔 1	15.68	1.51	6.34	76.37
孔 2	17.27	1.82	5.73	61.45

2. 水位变化结果分析

1）$1^{-2上}$煤层开采

在 $12^{上}105$ 工作面回采过程中，对孔 1 和孔 2 水位观测孔的潜水位和孔口地面沉降进行了长期观测，其结果分别如图 5-55 和图 5-56 所示，特征参数见表 5-8。

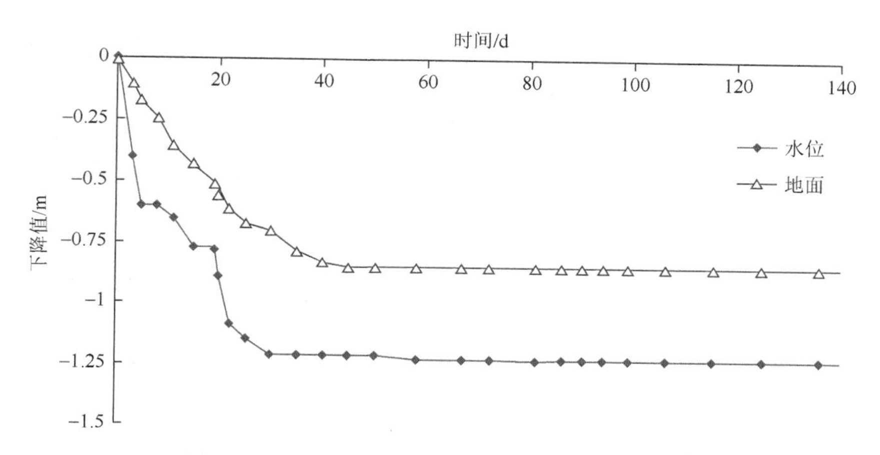

图 5-55 $1^{-2上}$煤层开采过程中孔 1 水位观测孔水位、地面下降动态曲线

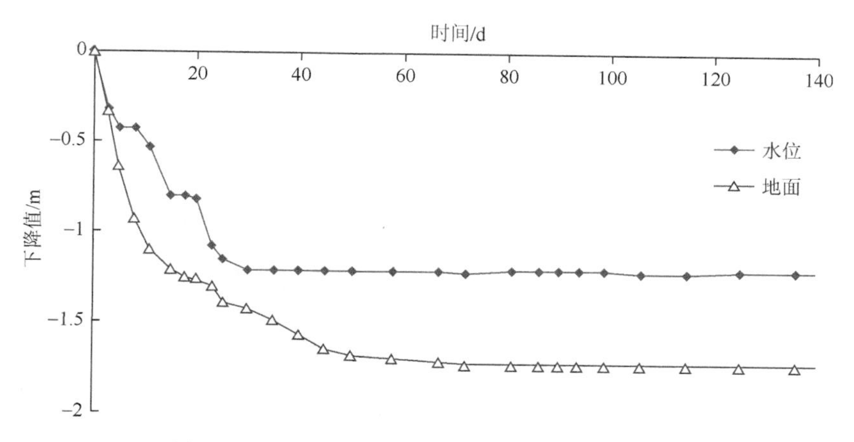

图 5-56 $1^{-2上}$煤层开采过程中孔 2 水位观测孔水位、地面下降动态曲线

表 5-8 水位观测孔水位变化

编号	回采前水位标高/m	回采后水位标高/m	回采后水位下降/m	累计地面下降/m
孔 1	1196.48	1195.24	1.24	0.85
孔 2	1194.2	1192.99	1.21	1.73

靠近 $12^{上}105$ 工作面开切眼侧的孔 1，其水位在约 30 天后能够稳定，水位累计下降 1.24m，地面累计下沉 0.85m。位于采空区中部的孔 2，其水位在前 20～25 天下降幅度较大，以后逐渐变缓，并最终趋于稳定，水位累计下降 1.21m，地面累计下沉为 1.73m。

孔 1 的最终水位下降幅度大于孔 2 的，说明在开采边界附近覆岩导水裂隙的发育程度比采空区中部的大。孔 1 和孔 2 的水位均能够在约 30 天后保持稳定，表明上覆破断岩层形成的导水裂隙在岩层挤压作用和隔水层遇水膨胀作用下能够闭合，松散层潜水含水层未受到破坏。

2）1^{-2} 煤层开采

在 12105 工作面回采过程中，继续对孔 1、孔 2 的潜水位和孔口地面沉降进行观测。孔 1 的潜水位和孔口地面沉降观测结果如图 5-57 所示。

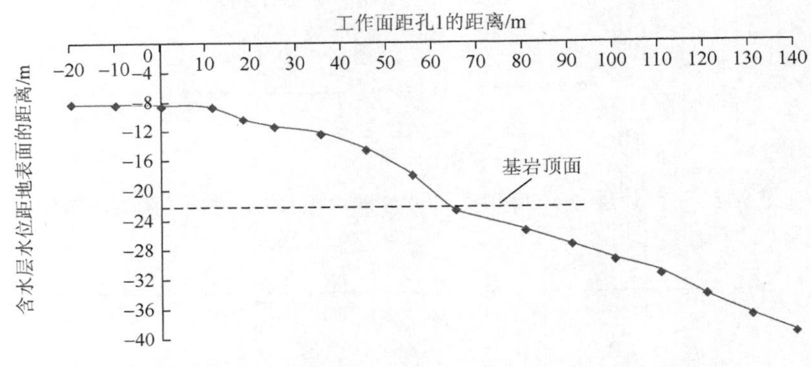

图 5-57　1^{-2} 煤层开采过程中孔 1 水位观测孔水位变化过程

由图 5-57 可知，工作面推过孔 1 约 10m 时，孔 1 水位开始发生明显下降。工作面推过孔 1 约 62m 时，孔 1 水位发生大幅度下降，且很快降到基岩顶面以下。截止到工作面开采结束，孔 1 水位也没有恢复。

孔 1 水位第一次明显下降是受 12105 工作面重复开采扰动的影响，由于 $12^{上}105$ 工作面上覆岩层中处于稳定状态的岩层结构受到扰动，开切眼侧覆岩中原来已经压实闭合的导水裂隙二次发育。随着工作面向前推进，$12^{上}105$ 工作面上覆岩层中处于稳定状态的岩层结构失稳，开切眼侧的覆岩导水裂隙快速二次发育，导致孔 1 的水位大幅度下降，迅速降到基岩顶面以下。经历 1～2 次周期来压之后，12105 工作面开切眼侧的覆岩导水裂隙发育至地表，孔 1 的水位持续下降，由于此区域的覆岩裂隙很难被压实闭合，因此，孔 1 水位不易恢复。

孔 2 的潜水位和孔口地面沉降观测结果如图 5-58 所示。

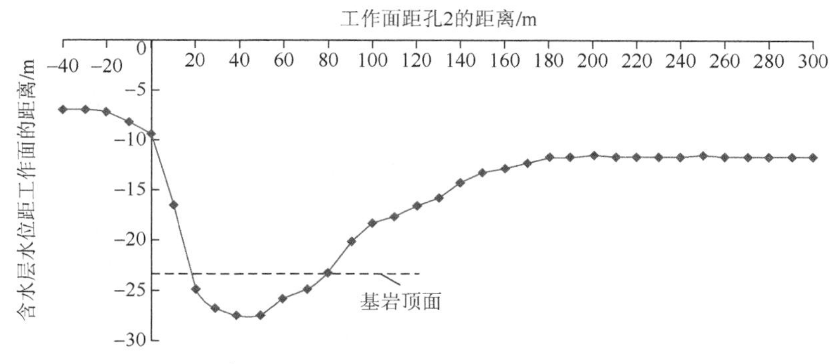

图 5-58　1^{-2} 煤层开采过程中孔 2 水位观测孔水位变化过程

由图 5-58 可知，下煤层开采过程中，孔 2 水位在采前 10m 和采后 20m 这一范围内，其水位下降速度最快。工作面推过孔 2 约 20m 后，孔 2 水位已经下降到基岩顶面以下。工作面推过孔 2 约 50m 之后，其水位开始逐渐上升。工作面推过孔 2 约 200m 后，其水位趋于稳定在某一值。

工作面推过孔 2 后，覆岩导水裂隙贯通隔水层，形成导水通道，导致孔 2 水位急速下降到基岩顶面以下。工作面继续推进 2～3 个周期来压步距后，其后方采空区中部的覆岩导水裂隙被压实闭合，孔 2 水位逐步恢复，最终能够稳定在某一值，但由于水资源流失比较严重，短期内水位虽有恢复，仍然不能恢复到初始水位。

由现场观测结果可知，$1^{-2上}$煤层开采后，覆岩导水裂隙未贯通隔水层，含水层保持完好；但 1^{-2} 煤层开采后，覆岩导水裂隙贯通隔水层与含水层连通，含水层受到破坏。

5.7.3　12105 工作面顶板涌水事故分析

2010 年 8 月 2 日凌晨 5 时 50 分，12105 综采工作面机头推进 17.5m，机尾推进 21.5m 时发生了顶板涌水事故，涌水总量约为 47000m^3，造成 12105 综采工作面设备被淹，涌水位置示意如图 5-59 所示，现场实照如图 5-60 所示[168]。

根据石圪台煤矿 12105 工作面涌水地点的地质条件，利用前面的研究结果分析得出此次顶板涌水事故的原因为：涌水地点距离水位观测孔 1 较近，孔 1 处 $1^{-2上}$煤层和 1^{-2} 煤层的煤层间距为 2.6m，1^{-2} 煤层基岩厚度为 76.37m，根据临界外错距的计算方法，将 $\psi_s = 60°$，$\delta_x = 73°$，$h_{cj} = 2.6m$，$h_{xf} = 76.37m$，$w_{sg} = 0.86m$ 代入式（5-2），计算得出 $L_{lnc} = 68.12m$。而顶板涌水事故地点，12105 工作面开切眼外错于 $12^{上}105$ 工作面开切眼的距离仅为 21～27m，远小于隔水层不产生导水裂隙的临界外错距 L_{lnc}。因此，下煤层开采过程中隔水层会产生导水裂隙，丧失隔水性能，导致水资源流失。

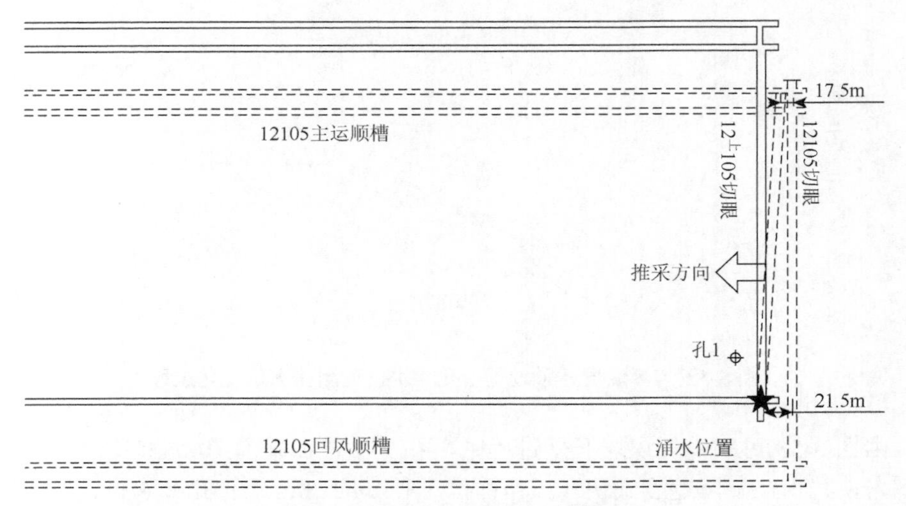

图 5-59 12105 工作面涌水位置

图 5-60 12105 工作面涌水现场实照

12105 工作面开采后，对应地表裂隙发育实照如图 5-61 所示。

(a) 开切眼侧

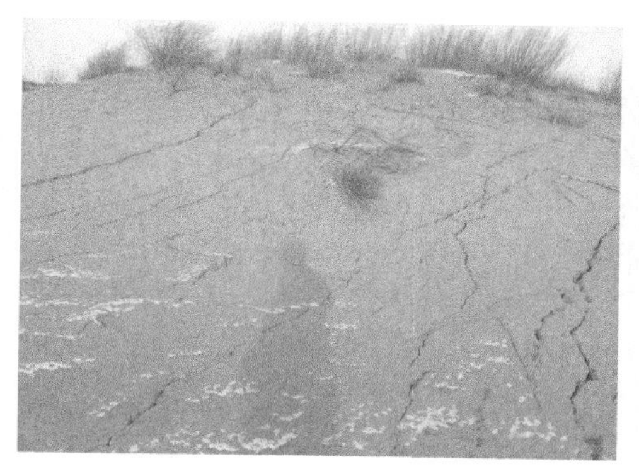
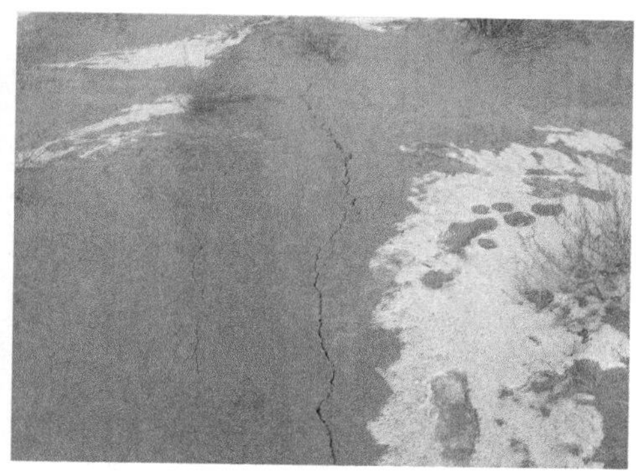

(b) 采空区中部

图 5-61 12105 工作面开采后对应地表裂隙发育实照

5.8 本章小结

（1）考虑岩层移动边界角和充分采动角，确定了隔水层不产生导水裂隙的临界内、外错距。

（2）根据内错布置方式条件下采动隔水层的移动变形特点，下煤层开采时，在下煤层工作面开采边界与上煤层工作面开采边界的内错距大于隔水层不产生导水裂隙的临界内错距的条件下，提出将下煤层开采视为单一煤层开采，其覆岩厚度为层间岩层厚度，并确定了此条件下隔水层不产生导水裂隙的临界层采比。

（3）针对第Ⅱ类浅埋近距煤层，在重复开采扰动条件下，给出了覆岩隔水层不产生导水裂隙的下煤层临界内、外错距的合理取值范围，确定了内错布置条件下覆岩隔水层不产生导水裂隙的临界层采比的计算方法，提出了水资源易流失区域（保水开采薄弱区）的消除法、转移法和局部处理方法（包括一分为二、窄区段煤柱错开同采法和开采边界台阶式局部充填法）；进行了采（盘）区工作面保水开采布置设计，且给出了关键技术参数的计算方法，并进行了保水开采适用条件分类。

（4）介绍了壁式连采连充保水采煤方法，分析了壁式连采连充保水采煤方法保水开采的可行性，该方法是实现浅埋近距煤层保水开采的一种有效方法。另外，分析壁式连采连充保水采煤方法回收遗留煤柱的可行性，得出采用该方法可安全高效回收煤柱，提高煤炭资源回收率，但无法控制覆岩导水裂隙发育及地表沉陷。

（5）对石圪台煤矿浅埋近距煤层（$12^{上}$105 和 12105 工作面）开采过程中的含

水层水位变化进行长期观测，发现 $1^{-2上}$煤层开采后，含水层水位能够恢复，但 1^{-2}煤层开采后，孔 1（开切眼侧）的含水层水位持续下降，而孔 2（采空区中部）的含水层水位下降后能够逐渐恢复。石圪台煤矿 12105 工作面顶板涌水事故的主要原因是：12105 工作面开切眼外错于 $12^{上}$105 工作面开切眼的距离仅为 21～27m，远小于隔水层不产生导水裂隙的临界外错距 L_{lnc}。

6 结论、讨论与展望

6.1 主 要 结 论

目前我国西北矿区浅埋煤层的第 1 层主采煤层已经采完，第 2 层主采煤层即将大规模开采。针对这种开采现状，由于浅埋近距煤层开采过程中的覆岩导水裂隙发育规律及其控制缺乏科学认识，因此本书综合采用多种研究手段开展了浅埋近距煤层重复扰动区覆岩导水裂隙发育规律、渗流规律、发育机理和控制方法等方面的研究，并进行了工程实践。取得的主要成果如下。

1. 进行了浅埋近距煤层的定义和分类

在浅埋条件下，从近距煤层下煤层开采对上煤层覆岩导水裂隙二次发育的影响角度考虑，对浅埋近距煤层和重复扰动区的定义进行了界定。并基于常规浅埋单一煤层的分类方法，将浅埋近距煤层分为三类。本书的研究工作主要针对第Ⅰ类和第Ⅱ类浅埋近距煤层开展。

2. 弄清了重复扰动区覆岩导水裂隙的发育规律

（1）研制了非亲水隔水层相似材料。从水理性质和基本力学性质两个方面对其做了系统的研究，得出当沙石重量比为 5∶1～7∶1，骨胶重量比为 6∶1～8∶1，凡硅重量比为 1∶1～3∶1 时，非亲水相似材料满足模拟隔水层的要求。

（2）无水作用下重复扰动区覆岩导水裂隙的发育规律。通过相似模拟固体实验得出：上煤层开采过程中，开切眼侧和停采线侧的覆岩导水裂隙发育最为显著，且最终会贯通地表；开采侧的覆岩导水裂隙随工作面推进不断向前方扩展，而其后方采空区中部的覆岩导水裂隙会逐渐闭合，一般滞后工作面 1～2 周期来压步距的距离。下煤层开采过程中，层间岩层导水裂隙贯通，开切眼侧和停采线侧的覆岩导水裂隙二次发育程度加剧，裂隙宽度不断增大；而采空区中部上煤层开采后覆岩中原已压实闭合的导水裂隙二次发育后仍然能够挤压闭合。随基岩厚度和煤层间距的增大，覆岩导水裂隙二次发育程度都会减小。

（3）水作用下重复扰动区覆岩渗流裂隙发育规律。针对第Ⅱ类浅埋近距煤层，通过相似模拟和数值模拟固液耦合实验得出：覆岩渗流裂隙是否渗流导水取决于隔水层渗流裂隙的发育程度及其遇水膨胀性。开切眼侧和停采线侧的隔水层裂隙，由于隔水层遇水膨胀性的存在，在上煤层开采后能够弥合，覆岩渗流裂隙不会渗流导水，但在下煤层开采后，由于隔水层的遇水膨胀作用不足而无法弥合，终将渗流导水；采空区中部的隔水层裂隙尽管在下煤层开采过程中短暂渗流导水，但随工作面的向前推进，会在岩层回转挤压和隔水层遇水膨胀共同作用下弥合，不会渗流导水。浅埋近距煤层开采过程中，开切眼侧的覆岩渗流裂隙孔隙压力逐渐变小，渗流速度逐渐增大，说明开切眼侧的覆岩渗流裂隙不断发育（裂隙宽度不断增大），但最终能够趋于稳定；采空区中部的覆岩渗流裂隙的孔隙压力经历了变小—变大—二次变小—二次变大的过程，而其渗流速度经历了变大—变小—二次变大—二次变小的过程，说明浅埋近距煤层开采过程中，说明采空区中部的覆岩渗流裂隙先张开、后闭合、然后二次张开，最终会二次闭合。

3. 提出了实验室采动覆岩裂隙的红外探测技术

将煤岩体红外辐射探测技术引入物理相似模拟覆岩裂隙渗流试验中，探测了裂隙渗流的温度场变化值，分析了覆岩裂隙渗流时的红外辐射特征。根据该温度场分布特征可识别出裂隙尺寸，表明煤岩体红外辐射探测技术能够用于物理相似模拟裂隙渗流探测试验，但该试验方法和系统仍需进一步完善。

4. 揭示了重复扰动区采动覆岩导水裂隙发育机理

提出了采动覆岩隔水层无荷侧向约束膨胀伸长量，以及隔水层等效裂隙宽度的概念，建立了采动覆岩隔水层裂隙宽度与其最大下沉值之间的量化关系式 $d=0.9273\ln w+0.7463$，分析了覆岩隔水层裂隙张开-弥合的发育机理。在此基础上，建立采动覆岩力学模型，分析了岩层破断或拉伸破坏时的极限破断步距与其下方有效下沉空间高度的关系，并结合覆岩隔水层裂隙张开-弥合的发育机理，揭示了重复扰动区采动覆岩导水裂隙发育机理。

5. 提出了浅埋近距煤层覆岩导水裂隙控制方法

（1）针对第Ⅱ类浅埋近距煤层，在重复采动条件下，给出了覆岩隔水层不产生导水裂隙的下煤层临界内、外错距的合理区间，确定了内错布置条件下覆岩隔水层不产生导水裂隙的临界层采比的计算方法，提出了水资源易流失区域（保水开采薄弱区）的消除法、转移法和局部处理方法（包括一分为二、窄区段煤柱错开同采法和开采边界台阶式局部充填法）；进行了采（盘）区工作面保水开采布置设计，且给出了关键技术参数的计算方法；提出了壁式连采连充保水采煤方法，分析了其可行性，并进行了保水开采适用条件分类。

（2）进行了工程实践。对石圪台煤矿浅埋近距煤层（$12^{上}105$ 和 12105 工作面）开采过程中的含水层水位变化进行长期观测，发现 $12^{上}105$ 工作面开采后，含水层水位短暂下降后能够恢复。但 12105 工作面开采后，孔 1（开切眼侧）的含水层水位持续下降，而孔 2（采空区中部）的含水层水位下降后能够缓慢恢复，但不能恢复到初始水位。石圪台煤矿 12105 综采工作面的顶板涌水事故，造成工作面设备被淹，其主要原因是 12105 工作面开切眼外错于 $12^{上}105$ 工作面开切眼的距离仅为 21～27m，远小于隔水层不产生导水裂隙的临界外错距。

6.2 讨论与展望

本书虽然在浅埋近距煤层开采方面取得了一些创新性成果，但仍然存在一些不足之处。本书的不足之处及下一步的工作重点如下。

（1）提出的实验室采动覆岩裂隙的红外探测技术，由于受红外热像仪分辨率限制，必须有水介质存在的条件下才能实现覆岩裂隙的发育及渗流研究。

今后进一步的研究重点应为：改造和完善实验室采动覆岩裂隙的红外探测技术，进而为煤矿现场原位红外辐射探水理论与技术的发展奠定基础。

（2）建立了隔水层裂隙宽度与其最大下沉值之间的关系式，该研究结果是在某一特定生产地质条件下和基于物理相似模拟实验得到的，有待在煤矿现场工程实践中作进一步验证。而且，如果生产地质条件发生改变，二者之间的关系如何，仍有待作进一步研究。

今后进一步的研究重点为：对不同生产地质条件下的浅埋近距煤层，加大地表沉陷监测工作，包括地表裂缝的分布特征及地表裂缝尺寸随工作面开采过程中动态变化规律。

（3）提出了采动覆岩碎胀系数计算方法，分析了覆岩残余碎胀系数分布规律，然而该方法和研究结果都是基于物理相似模拟实验得到的。虽然采用该实验方法得出的结果能够作为指导现场工程实践的参考，但并不能完全真实反映客观实际。

今后进一步的研究重点为：采用或开发煤矿覆岩位移原位监测系统，实施煤层开采过程中覆岩位移变化的实时动态监测，为煤矿覆岩碎胀系数原位测试研究提供保障。

（4）研制了非亲水相似材料，能够模拟一定范围内力学性质和水理性质的隔水层。但考虑渗流系数相似比及强度相似比，研制的特定配比范围内的非亲水相似材料只能用于几何相似比为 1：200 的物理相似模拟实验。

今后进一步的研究重点为：研制和完善非亲水相似材料，使其在更大配比范围内满足模拟隔水层的要求，适应不同几何相似比的物理相似模拟实验的需要。

（5）采用岩石侧向约束膨胀仪测量了非亲水相似隔水层材料的膨胀伸长量，

但本次实验并非考虑不同水头压力大小对非亲水相似隔水层材料的膨胀伸长量的影响。

今后进一步的研究重点为：进行不同水头压力条件下非亲水相似隔水层材料的膨胀伸长量测试。

（6）提出的重复扰动区覆岩导水裂隙控制方法，能实现浅埋近距煤层保水开采。但该方法从最安全和最有效的角度考虑，设计了下煤层开采临界内、外错距的合理取值，使下煤层开采后，上煤层的覆岩导水裂隙发育程度保持在下煤层开采前的原有稳定状态，但下煤层的临界内、外错距不在合理取值范围时，或许也能实现保水开采，这仍需进一步研究。

今后进一步的研究重点为：设计不同浅埋近距煤层下煤层内、外错距条件下的物理相似模拟实验，并将提出的重复扰动区覆岩导水裂隙控制方法在物理相似模拟实验中进行实验验证，同时将这些控制方法在煤矿现场进行工业性试验验证，建立并完善浅埋近距煤层保水开采技术。

参考文献

[1] 唐雄，李世祥. 我国工业化中的能源问题解决措施研究[J]. 经济月刊，2013，(1)：124-126.

[2] 张汉亚. 促进中部崛起研究[D]. 北京：中国社会科学院研究生院，2012.

[3] 李瑞峰. 中国煤炭市场分析与研究[J]. 煤炭工程，2013，(1)：55-58.

[4] 邹逸麟. 我国水资源变迁的历史回顾[J]. 复旦学报（社会科学版），2005，(3)：47-55.

[5] 马立强，张东升，金志远，等. 近距煤层高效保水开采理论与方法[J]. 煤炭学报，2019，44（3）：727-738.

[6] Bian Z，Miao X，Lei S，et al. The challenges of reusing mining and mineral-processing wastes [J]. Science，2012，337（6095）：702-703.

[7] Zhou M，Pan Z，Chen D，et al. The influences of different vegetation ecosystems on heavy metals in soil in semi-arid region [J]. Spectroscopy and Spectral Analysis，2010，30（10）：2789-2792.

[8] Tammetta P. Estimation of the height of complete groundwater drainage above mined longwall panels [J]. Groundwater，2013，51（5）：723-724.

[9] 杨静，李晓梅，李桢. 煤挖走了，不要留下生态叹息[N]. 陕西日报，2009-08-03.

[10] 张大民. 张家峁井田内小煤矿开采对地下水的影响[J]. 地下水，2008，30（1）：32-34.

[11] 黄庆享，石平五，钱鸣高. 浅埋煤层长壁开采的矿压特征[C]. 中国岩石力学与工程学会第五次学术大会论文集，1998：643-647.

[12] 黄庆享. 浅埋煤层的矿压特征与浅埋煤层定义[J]. 岩石力学与工程学报，2002，21（8）：1174-1177.

[13] 李凤仪. 浅埋煤层长壁开采矿压特点及其安全开采界限研究[D]. 阜新：辽宁工程技术大学，2007.

[14] ЦИМБАРЕВИЧ П М. 矿井支护[M]. 许自新，译. 北京：煤炭工业出版社，1957.

[15] 布雷德克 B B. 莫斯科近郊煤田矿山压力的特点[J]. 煤，1981，(2)：13-16.

[16] 霍勃尔瓦依特 B，等. 浅部长壁法开采效果的地质技术评价[J]. 煤炭科研参考资料，1985，(3)：24-28.

[17] Holla L，Buizen M. Stata movement due to shallow longwall mining and the effect on ground permeability [J]. Australian Institute of Mining and Metallurgy Bullefin and Proceedings，1990，295（1）：11-18.

[18] 任德惠. 缓斜煤层采场压力分布规律与合理巷道布置[M]. 北京：煤炭工业出版社，1982.

[19] 侯忠杰，何振芳，石建新. 神府煤田大柳塔煤矿顶板破碎原因浅析[J]. 陕西煤炭技术，1990：39-44.

[20] 侯忠杰，石建新，金立斋. 神府浅埋深煤层工作面矿山压力分析[J]. 陕西煤炭技术，1992：29-32.

[21] 石建新，侯忠杰，何振芳. 浅埋工作面矿压显现规律[J]. 矿山压力与岩层控制，1992，(2)：33-37.

[22] 黄庆享. 浅埋煤层长壁开采顶板控制研究[J]. 岩石力学与工程学报，1999，(3)：290.

[23] 黄庆享. 浅埋煤层长壁开采顶板结构及岩层控制研究[M]. 徐州：中国矿业大学出版社，2000.

[24] 石平五. 西部煤矿岩层控制泛述[J]. 矿山压力与顶板管理，2002，11：6-8.

[25] 黄庆享，钱鸣高，石平五. 浅埋煤层采场老顶周期来压结构分析[J]. 煤炭学报，1999，24（6）：581-585.

[26] Huang Q X. Analysis of main roof breaking form and its mechanism during weighting in longwall face [J]. Journal of Coal Science and Engineering（China），2001，7（1）：9-12.

[27] Huang Q X. Roof structure theory and support resistance determination Longwall face in shallow seam [J]. Journal of Coal Science and Engineering（China），2003，29（2）：21-24.

[28] 黄庆享，陈杰，杨宗义. 浅埋厚煤层分层开采合理隔离煤柱尺寸模拟研究[J]. 西安科技学院学报，2001，12（3）：193-196.

[29] 侯忠杰. 地表厚松散层浅埋煤层组合关键层稳定性分析[J]. 煤炭学报，2000，25（2）：127-131.

[30] 侯忠杰. 浅埋煤层关键层研究[J]. 煤炭学报，1999，24（4）：359-363.

[31] 侯忠杰，吴文湘，肖民. 薄基岩浅埋煤层“支架-围岩”关系实验研究[J]. 湖南科技大学报（自然科学版），2007，22（1）：9-12.

[32] 杨治林. 浅埋煤层长壁开采顶板结构稳定性分析[J]. 矿山压力与顶板管理，2005，(2)：7-9.

[33] 许家林. 浅埋煤层长壁开采顶板岩层不稳定形态[J]. 煤炭学报，2008，12：1341-1344.

[34] Peng S S. Coal Mine Ground Control [M]. New York：Wiley-inter Science Publication，1978.

[35] Kratzsch H. Mining Subsidence Engineering [M]. Berlin：Springer，1983.

[36] 刘天泉，等. 煤矿地表移动与覆岩破坏规律及其应用[M]. 北京：煤炭工业出版社，1981.

[37] 赵宏珠. 中国综放长壁技术和装备出口印度应用效果分析[J]. 煤矿开采，2000，(1)：5-8.

[38] 赵宏珠. 浅埋采动煤层工作面矿压规律研究[J]. 矿山压力与顶板管理，1996，(2)：27-32.

[39] 赵宏珠. 印度综采长壁工作面浅部开采实践[J]. 中国煤炭，1998，(12)：49-51.

[40] 赵宏珠. 印度浅埋深难垮顶板煤层地面爆破综采研究[J]. 矿山压力与顶板管理，1999，(4)：54-57.

[41] Singh R P，Singh R N. Subsidence due to coal mining in India[C]. Proceeding of the Fifth International Symposium on Land Subsidence，Hague，1995.

[42] 师本强，侯忠杰. 浅埋煤层覆岩中断层对保水采煤的影响及防治[J]. 湖南科技大学学报（自然科学版），2009，24（3）：1-5.

[43] 李涛，李文平，常金源，等. 陕北近浅埋煤层开采潜水位动态相似模型试验[J]. 煤炭学报，2011，36（5）：722-726.

[44] 李忠建，魏久传，施龙青，等. 浅埋煤层开采数值模拟及顶板突水危险性分析[J]. 煤矿安全，2011，42（3）：122-124.

[45] 马立强，张东升，董正筑. 隔水层裂隙演变机理与过程研究[J]. 采矿与安全工程学报，2011，28（3）：340-344.

[46] 张东升，范钢伟，刘玉德，等. 浅埋煤层工作面顶板裂隙扩展特征数值分析[J]. 煤矿安全，

2008，（7）：36-38.

[47] 黄庆享，蔚保宁，张文忠. 浅埋煤层黏土隔水层下行裂隙弥合研究[J]. 采矿与安全工程学报，2010，27（1）：35-39.

[48] 范钢伟，张东升，马立强. 神东矿区浅埋煤层开采覆岩移动与裂隙分布特征[J]. 中国矿业大学学报，2011，40（1）：1-6.

[49] 黄炳香，刘长友，许家林. 采场小断层对导水裂隙高度的影响[J]. 煤炭学报，2009，34（10）：1316-1321.

[50] Scott B，Ranjtih P G，Choi S K，et al. Geological and geotechnical aspects of underground coal mining methods with in Australia [J]. Environmental Earth Sciences，2010，60（5）：1007-1019.

[51] Serkan G. The estimation of ecosystem services' value in the region of Misi Rural Development Project：Results from a contingent valuation survey [J]. Forest Policy and Economics，2006，9（3）：209-218.

[52] Ewel K C. Water quality improvement by wetlands [J]. Nature Services，1992：329-345.

[53] Kreuter U P，Harris H G，Matlock M D. Change in ecosystem service values in the San Antonio area，Texas [J]. Ecological Economics，2001，39（3）：333-346.

[54] Hossain N，Paul S K，Hasan M. Environmental impacts of coal mine and thermal power plant to the surroundings of Barapukuria，Dinajpur，Bangladesh [J]. Environmental Monitoring and Assessment，2015，187（4）：4435-4444.

[55] Alam M J，Ahmed A A M，Khan M J H，et al. Evaluation of possible environmental impacts for Barapukuria thermal power plant and coal mine [J]. Journal of Soil Science and Environmental Management，2011，2（5）：126-131.

[56] APHA. Standard Methods for the Examination of Water and Waste Water [M]. The District of Columbia：American Public Health Association，2012.

[57] Cerqueira B，Vega F A，Silva L F，et al. Effects of vegetation on chemical and mineralogical characteristics of soils developed on a decantation bank from a copper mine [J]. Science of the Total Environment，2012，421：220-229.

[58] Cutruneo C M，Oliveira M L，Ward C R，et al. A mineralogical and geochemical study of three Brazilian coal cleaning rejects：Demonstration of electron beam applications [J]. International Journal of Coal Geology，2014，130：33-52.

[59] Dias C L，Oliveira M L，Hower J C，et al. Nanominerals and ultrafine particles from coal fires from Santa Catarina，South Brazil [J]. International Journal of Coal Geology，2014，122：50-60.

[60] Hower J C，O'Keefe J M，Henke K R，et al. Gaseous emissions and sublimates from the Truman Shepherd coal fire，Floyd County，Kentucky：A re-investigation following attempted mitigation of the fire [J]. International Journal of Coal Geology，2013，116：63-74.

[61] Howladar M F，Deb P K，Muzemder A S H，et al. Evaluation of water resources around Barapukuria coal mine industrial area，Dinajpur，Bangladesh [J]. Applied Water Science，2014，4（3）：203-222.

[62] Küsel K. Microbial cycling of iron and sulfur in acidic coal mining lake sediments [J]. Water，Air & Soil Pollution：Focus，2003，3（1）：67-90.

[63] Martinello K，Oliveira M L，Molossi F A，et al. Direct identification of hazardous elements in

ultra-fine and nanominerals from coal fly ash produced during diesel co-firing [J]. Science of the Total Environment，2014，470：444-452.

[64] Morozkin A I，Kalimullina S N，Salova L V，et al. Status of forest ecosystems in the impact zone of the Nizhnekamsk industrial complex[J]. Eurasian Soil Science，2011，34（12）：1323-1330.

[65] Oliveira M L，Ward C R，Sampaio C H，et al. Partitioning of mineralogical and inorganic geochemical components of coals from Santa Catarina，Brazil，by industrial beneficiation processes [J]. International Journal of Coal Geology，2013，116：75-92.

[66] Oliveira M L，Marostega F，Taffarel S R，et al. Nano-mineralogical investigation of coal and fly ashes from coal-based captive power plant（India）：An introduction of occupational health hazards [J]. Science of the Total Environment，2014，468：1128-1137.

[67] Pokale W K. Effects of thermal power plant on environment [J]. Scientific Reviews & Chemical Communications，2012，2（3）：212-215.

[68] Quamruzzaman C，Murshed S，Ferdous J A，et al. An expedient reckoning of miners hygiene in Barapukuria coal mine and Maddhapara granite mine，Dinajpur，Bangladesh [J]. International Journal of Emerging Technology and Advanced Engineering，2014，4（3）：489-498.

[69] Quispe D，Pérez-López R，Silva L F，et al. Changes in mobility of hazardous elements during coal combustion in Santa Catarina power plant（Brazil）[J]. Fuel，2014，94：495-503.

[70] Tiwary R K. Environmental impact of coal mining on water regime and its management[J]. Water，Air，and Soil Pollution，2001，132（1/2）：185-199.

[71] Gandhe A，Venkateswarlu V，Gupta R N. Extraction of coal under a surface water body-a strata control investigation [J]. Rock Mechanics and Rock Engineering，2005，38（5）：399-410.

[72] Kaden S，Schramm M. Control model Spree/Schwarze Elster-A tool to optimise rehabilitation of water resources in the Lusatian mining district [J]. Landscape and Urban Planning，2000，51（2/3/4）：101-108.

[73] Booth C J，Bertsch L P. Groundwater geochemistry in shallow aquifers above longwall mines in Illinois，USA [J]. Hydrogeology Journal，1999，7（6）：561-575.

[74] Booth C J，Curtiss A M，Demaris P J，et al. Anomalous increases in piezometric levels in advance of longwall mining subsidence[J]. Environmental & Engineering Geoscience，1999，5（4）：407-417.

[75] Booth C J. Groundwater as an environmental constraint of longwall coal mining [J]. Environmental Geology，2006，49（6）：796-803.

[76] Kim M，Parizek R R，Elsworth D. Evaluation of fully-coupled strata deformation and groundwater flow in response to longwall mining [J]. International Journal of Rock Mechanics and Mining Sciences，1997，34（8）：1187-1199.

[77] Karaman A，Akhiev S S，Carpenter P J，et al. A new method of analysis of water-level response to a moving boundary of a longwall mine [J]. Water Resources Research，1999，35（4）：1001-1010.

[78] Karaman A，Carpenter P J，Booth C J. Type-curve analysis of water-level changes induced by a longwall mine [J]. Environmental Geology，2001，40（7）：897-901.

[79] Booth C J. Ground water as an environmental constraint of longwall coal mining [J].

Environment Geology，2006，49（6）：796-803.

[80] Booth C J. Confined-unconfined changes above longwall coal mining due to increases in fracture porosity [J]. Environmental & Engineering Geoscience，2007，13（4）：355-367.

[81] 叶贵钧，张莱，李文平，等. 陕北榆神府矿区煤炭资源开发主要水工环问题及防治对策[J]. 工程地质学报，2000，8（4）：446-455.

[82] 李文平，叶贵钧，张莱，等. 陕北榆神府矿区保水采煤工程地质条件研究[J]. 煤炭学报，2000，25（5）：449-454.

[83] 孙建，王连国，鲁海峰. 基于隔水关键层理论的倾斜煤层底板突水危险区域分析[J]. 采矿与安全工程学报，2017，34（4）：655-662.

[84] 黄庆享. 浅埋煤层保水开采隔水层稳定性的模拟研究[J]. 岩石力学与工程学报，2009，28（5）：987-992.

[85] 王双明，黄庆享，范立民，等. 生态脆弱矿区含（隔）水层特征及保水开采分区研究[J]. 煤炭学报，2010，35（1）：7-14.

[86] 黄庆享，蔚保宁，张文忠. 浅埋煤层黏土隔水层下行裂隙弥合研究[J]. 采矿安全与工程学报，2010，27（1）：35-39.

[87] 顾大钊. 能源“金三角”煤炭现代开采水资源及地表生态保护技术[J]. 中国工程科学，2013，15（4）：102-107.

[88] 范立民. 生态脆弱区保水采煤研究新进展[J]. 辽宁工程技术大学学报（自然科学版），2011，30（5）：667-671.

[89] 张杰，侯忠杰. 浅埋煤层导水裂隙发展规律物理模拟分析[J]. 矿山压力与顶板管理，2004，（4）：32-34，118.

[90] 张杰，侯忠杰. 厚土层浅埋煤层覆岩运动破坏规律研究[J]. 采矿与安全工程学报，2007，24（1）：56-59.

[91] 中国神华能源股份有限公司神东煤炭分公司，中国矿业大学，内蒙古农业大学. 神东亿吨级矿区生态环境综合治理技术[R]. 神木，2006.

[92] Zhang D，Fan G，Ma L，et al. Aquifer protection during longwall mining of shallow coal seams：A case study in the Shendong Coalfield of China [J]. International Journal of Coal Geology，2011，86（2/3）：190-196.

[93] Zhang D，Fan G，Liu Y，et al. Field trials of aquifer protection in longwall mining of shallow coal seams in China[J]. International Journal of Rock Mechanics & Mining Sciences，2010，47（6）：908-914.

[94] 马立强，张东升. 浅埋煤层长壁工作面保水开采机理及其应用研究[M]. 徐州：中国矿业大学出版社，2012.

[95] 王双明，黄庆享，范立民，等. 生态脆弱区煤炭开发与生态水位保护[M]. 北京：科学出版社，2010.

[96] 吴爱民，左建平. 多次动压下近距离煤层群覆岩破坏规律研究[J]. 湖南科技大学学报（自然科学版），2009，24（4）：1-6.

[97] 张俊英. 多煤层条带开采模拟理论研究[J]. 煤炭学报，2006，25（增刊）：67-70.

[98] 李全生，张忠温，南培珠. 多煤层开采相互采动的影响规律[J]. 煤炭学报，2006，31（4）：425-428.

[99] 多尔恰尼诺夫. 构造应力与井巷工程稳定性[M]. 赵淳义，译. 北京：煤炭工业出版社，1984.
[100] 张百胜，杨双锁，康立勋，等. 极近距离煤层回采巷道合理位置确定方法的探讨[J]. 岩石力学与工程学报，2008，27（1）：97-101.
[101] 国家煤矿安全监察局. 煤矿安全规程[M]. 北京：煤炭工业出版社，2004.
[102] 布雷斯，布朗. 地下采矿岩石力学[M]. 余诗刚，译. 北京：煤炭工业出版社，1990.
[103] Agapito J F T，Goodrich R R，Moon M. Dealing with coal bursts at deer creak[J]. Mining Engineering，1997，49（7）：31-37.
[104] Pixler R. Mining muitiple-seam steeply dipping coal in the Nannea Basin [J]. Soeety of Mining Engineers of AIME，1986，9：13-19.
[105] Singh R，Dhar B B. Coal pillar loading in shallow conditions[J]. International Journal of Rock Mechanics and Mining Science and Geomechanics Abstracts，1995，53（8）：757-768.
[106] Singh R P，Yadav R N. Prediction of subsidence due to coal mining in Raniganj coalfield West Bengal，Indian[J]. Society of Engineering Geology，1995，39：103-111.
[107] Chekan G J，Matetic R J，Dwyer D L. Effects of abandoned multiple seam workings on a longwall in Virginia [J]. US Department of Interior，Bureau of Mines，Report of Investigations，1989：9247.
[108] 吴立新，李保生，王金庄，等. 重复条采时上层煤柱应力变化及其稳定性的试验研究[J]. 煤矿开采，1994，(2)：37-40.
[109] 张立亚，邓喀中. 多煤层条带开采地表移动规律[J]. 煤炭学报，2008，33（1）：28-32.
[110] 吴爱民. 钱家营近距离煤层煤岩体破坏与巷道优化支护研究[D]. 北京：中国矿业大学，2010.
[111] 张玉军. 近距离多煤层开采覆岩破坏高度与特征研究[J]. 煤矿开采，2010，15（6）：9-11.
[112] 胡炳南. 长壁重复开采岩层移动规律研究[J]. 煤炭科学技术，1999，27（11）：43-45.
[113] 朱卫兵. 浅埋近距离煤层重复采动关键层结构失稳机理研究[D]. 徐州：中国矿业大学，2010.
[114] 王国旺. 大柳塔煤矿浅埋近距离煤层群下行开采下工作面矿压规律[D]. 西安：西安科技大学，2010.
[115] 陈盼. 近距离煤层采空区下工作面矿压显现与覆岩移动规律研究[D]. 西安：西安科技大学，2014.
[116] Ma L，Cao X，Liu Q，et al. Simulation study on water-preserved mining in multi-excavation disturbed zone in close-distance seams [J]. Environmental Engineering and Management Journal，2013，12（9）：1849-1853.
[117] 王方田. 浅埋房式采空区下近距离煤层长壁开采覆岩运动规律及控制[D]. 徐州：中国矿业大学，2012.
[118] 武浩翔. 浅埋近距离煤层开采岩层结构特征和控制技术研究[D]. 太原：太原理工大学，2012.
[119] 顾大钊. 相似材料和相似模型[M]. 徐州：中国矿业大学出版社，1995.
[120] 张杰，侯忠杰. 固-液耦合试验材料的研究[J]. 岩石力学与工程学报，2004，23（18）：3157-3161.

[121] 黄庆享，张文忠，侯志成. 固液耦合试验隔水层相似材料的研究[J]. 岩石力学与工程学报，2010，29（增 1）：2813-2818.

[122] 李树忱，冯现大，李术才，等. 新型流固耦合相似材料的研制及其应用[J]. 岩石力学与工程学报，2010，29（2）：281-288.

[123] 胡耀青，赵阳升，杨栋. 三维流固耦合相似模拟理论与方法[J]. 辽宁工程技术大学学报（自然科学版），2007，26（2）：204-206.

[124] 郝行舟，李春生. 正交试验设计方法在试验设计中的应用[J]. 河南交通科技，1999，19（6）：26-28.

[125] 李术才，周毅，李利平，等. 地下工程流-固耦合模型试验新型相似材料的研制及应用[J]. 岩石力学与工程学报，2012，31（6）：1128-1137.

[126] 康建荣，王金庄，胡海峰. 相似材料模拟试验经纬仪观测方法分析[J]. 矿山测量，1999，（1）：43-46.

[127] 周英，顾明，李化敏，等. 综放开采上覆岩层运动规律相似材料模拟分析[J]. 煤炭工程，2004，（2）：43-45.

[128] 李春意，刘相臣. 基于相似材料模拟实验平台的坐标框架构建及精度分析[J]. 中国矿业，2018，27（12）：160-166.

[129] 李纯，马俊枫，刘全明. 综放采场围岩压力分布规律相似材料模拟实验研究[J]. 煤矿开采，2007，12（6）：64-67.

[130] Li L C，Tang C A，Zhao X D，et al. Block caving-induced strata movement and associated surface subsidence：A numerical study based on a demonstration model [J]. Bulletin of Engineering Geology and the Environment，2014，73（4）：1117-1126.

[131] Yan Y，Dai H，Ge L，et al. Numerical simulation of dynamic surface deformation based on DInSAR monitoring[J]. Transactions of Nonferrous Metals Society of China，2014，24（4）：1248-1254.

[132] 刘文生. 东北煤矿区地表下沉系数规律研究[J]. 辽宁工程技术大学学报（自然科学版），2001，20（3）：278-280.

[133] 陈俊杰，邹友峰，郭文兵. 厚松散层下下沉系数与采动程度关系研究[J]. 采矿与安全工程学报，2012，29（2）：250-254.

[134] 钱鸣高，石平五. 矿山压力与岩层控制[M]. 徐州：中国矿业大学出版社，2003.

[135] 郝彬彬，王春红. 充填矸石物理力学性能实验研究[J]. 煤炭与化工，2017，40（2）：30-33.

[136] 张振南，茅献彪，郭广扎. 松散岩块压实变形模量的试验研究[J]. 岩石力学与工程学报，2003，22（4）：578-581.

[137] 张俊英，王金庄. 破碎岩石的碎胀与压实特性实验研究[C]. 2005 开采沉陷规律与“三下”采煤学术会议，乌鲁木齐，2005.

[138] 苏承东，顾明，唐旭，等. 煤层顶板破碎岩石压实特征的试验研究[J]. 岩石力学与工程学报，2012，31（1）：18-26.

[139] 李树刚. 综放面采空区岩体碎胀特性分析[J]. 陕西煤炭技术，1996，4：19-22.

[140] 张冬至，邓喀中，周鸣. 采动岩体碎胀系数变化规律研究[J]. 江苏煤炭，1998，1：5-7.

[141] 马新根，何满潮，张良，等. 切顶成巷采空区冒落矸石碎胀系数及侧向压力测定研究[J]. 煤炭工程，2019，51（2）：37-41.

[142] Renata D. Electromagnetic phenomena associated with earthquakes [J]. Surveys in Geophysics，1977，（3）：157-174.

[143] Luong M P. Infrared observation of failure processes in plain concrete [J]. Durability of Building Materials and Component，1987，4（25）：870-878.

[144] Luong M P. Infrared thermovision of damage processes in concrete and rock [J]. Engineering Fracture Mechanics，1990，35（1）：291-301.

[145] Brady B T，Rowell G A. Laboratory investigation of the electrodynamics of rock fracture[J]. Nature，1986，32（1）：488-492.

[146] Luong M P. Infrared thermographic observations of rock failure [J]. Comprehensive Rock Engineering Principles，1993，26（4）：715-730.

[147] Wu L，Liu S，Wu Y，et al. Precursors for rock fracturing and failure—Part I：IRR image abnormalities [J]. International Journal of Rock Mechanics and Mining Sciences，2006，43（3）：473-482.

[148] Wu L，Liu S，Wu Y，et al. Precursors for rock fracturing and failure—Part II：IRR＜i＞T-Curve abnormalities [J]. International Journal of Rock Mechanics and Mining Sciences，2006，43（3）：483-493.

[149] 张彦洪，柴军瑞. 岩体离散裂隙网络渗流应力耦合分析[J]. 应用基础与工程科学学报，2012，20（2）：253-262.

[150] 王泳嘉，邢纪波. 离散单元法及其在岩土力学中的应用[M]. 沈阳：东北大学出版社，1991.

[151] 朱焕春，Richard B，Partick A. 节理岩体数值计算方法及应用（一）：方法与讨论[J]. 岩石力学与工程学报，2004，23（20）：3444-3449.

[152] Lomize G M. Flow in Fractured Rocks[M]. Moscow：Gesenergoizdat，1951.

[153] Romm E S. Flow Characteristics of Fractured Rocks[M]. Moscow：Nedra，1966.

[154] Louis C. A Study of Groundwater Flow in Jonited Rock and Its Influence on the Stability of Rock Masses [M]. London：Imp. Coll.，1969.

[155] 宋振骐. 实用矿山压力与控制[M]. 北京：中国矿业大学出版社，1988.

[156] 李涛，高颖，艾德春，等. 西南岩溶山区保水采煤地质模式[J]. 煤炭学报，2019，44（3）：747-754.

[157] 徐芝纶. 弹性力学简明教程[M]. 北京：高等教育出版社，2009.

[158] 刘鸿文. 材料力学[M]. 北京：高等教育出版社，2009.

[159] 袁俊平，陈剑. 膨胀土单向浸水膨胀时程特性试验与应用研究[J]. 河海大学学报（自然科学版），2003，31（5）：547-551.

[160] 马立强. 沙基型浅埋煤层采动覆岩导水通道分布特征及其控制研究[D]. 徐州：中国矿业大学，2007.

[161] 范钢伟. 浅埋煤层开采与脆弱生态保护相互响应机理与工程实践[D]. 徐州：中国矿业大学，2011.

[162] 刘玉德. 沙基型浅埋煤层保水开采技术及其适用条件分类[D]. 徐州：中国矿业大学，2008.

[163] 许家林，王晓振，刘文涛，等. 覆岩主关键层位置对导水裂隙带高度的影响[J]. 岩石力学与工程学报，2009，2（28）：380-385.

[164] 何国清，杨伦，凌赓娣，等. 矿山开采沉陷学[M]. 徐州：中国矿业大学出版社，1991.

[165] 鲁岩，樊胜强，邹喜正. 工作面超前支承压力分布规律[J]. 辽宁工程技术大学学报（自然科学版），2008，27（2）：184-187.

[166] 张吉雄，张强，巨峰，等. 煤矿“采选充＋X”绿色化开采技术体系与工程实践[J]. 煤炭学报，2019，44（1）：64-73.

[167] 周华强，侯朝炯，孙希奎，等. 固体废物膏体充填不迁村采煤[C]. 煤炭资源高效绿色开采与数字矿山学术讨论会论文集，海口，2005.

[168] 赵彩宏. 石圪台煤矿 12105 工作面突水事故汇报[EB/OL]. http://wenku.baidu.com/view/94b01ec6d5bbfd0a7956737e. html[2013-11-03].